EUROPA-FACHBUCHREIHE
für Metallberufe

Arbeitsbuch Zerspantechnik

Lernfelder 5 bis 13

2. verbesserte Auflage

Bearbeitet von Lehrern an beruflichen Schulen und Ingenieuren

Leiter des Arbeitskreises: Armin Steinmüller

VERLAG EUROPA-LEHRMITTEL · Nourney, Vollmer GmbH & Co. KG
Düsselberger Straße 23 · 42781 Haan-Gruiten

Europa-Nr.: 14832

Autoren

Bergner, Oliver	Dipl.-Berufspädagoge	Dresden
Dambacher, Michael	Studiendirektor	Hüttlingen
Gresens, Thomas	Dipl.-Berufspädagoge	Schwerin
Kretzschmar, Ralf	Dipl.-Ing.-Pädagoge	Lichtenstein
Krämer, Andreas	Dipl.-Ingenieur	Kronberg

Lektor und Leiter des Arbeitskreises

Armin Steinmüller, Dipl.-Ing., Hamburg

Bildentwürfe:	Die Autoren
Fotos:	Leihgaben von Firmen (Verzeichnis, letzte Seite)

Der Abdruck des Umschlagbildes erfolgt mit freundlicher Genehmigung der Firma Gleason-Pfauter Maschinenfabrik GmbH in 71636 Ludwigsburg.

Bildbearbeitung:	Zeichenbüro des Verlags Europa-Lehrmittel, Nourney, Vollmer GmbH & Co. KG, Ostfildern

2. Auflage 2012

Druck 5 4 3 2

Alle Drucke derselben Auflage sind parallel einsetzbar, da sie bis auf die Korrektur von Druckfehlern unverändert sind.

Diesem Buch wurden die neuesten Ausgaben der DIN-Blätter und der VDI/VDE-Richtlinien zugrunde gelegt. Verbindlich sind jedoch nur die DIN-Blätter und die VDI/VDE-Richtlinien selbst.
Verlag für DIN-Blätter: Beuth-Verlag GmbH, Burggrafenstr. 6, 10625 Berlin
Verlag für die VDE-Bestimmungen: VDE-Verlag GmbH, Bismarckstr. 33, 10625 Berlin

ISBN: 978-3-8085-1488-7

Alle Rechte vorbehalten. Das Werk ist urheberrechtlich geschützt. Jede Verwertung außerhalb der gesetzlich geregelten Fälle muss vom Verlag schriftlich genehmigt werden.

Umschlaggestaltung: Grafische Produktionen Jürgen Neumann nach einer Idee von Ralf Kretzschmar

© 2012 by Verlag Europa-Lehrmittel, Nourney, Vollmer GmbH & Co. KG,
42781 Haan-Gruiten, http://www.europa-lehrmittel.de
Satz: Meis satz&more, 59469 Ense
Druck: Konrad Triltsch Print und digitale Medien GmbH, 97199 Ochsenfurt-Hohestadt

Vorwort

Mit diesem Arbeitsbuch wollen die Autoren und der Verlag Berufsschülern und Lehrern bei der Ausbildung der Zerspanungsmechaniker ein Arbeitsmittel in die Hand geben, mit dessen Hilfe die im Unterricht erworbenen Kenntnisse vertieft und erweitert werden können. Die Beschäftigung mit umfangreichen praxisnahen Aufgaben soll die Fähigkeit stärken, auf der Basis des vorhandenen Wissens und zusätzlicher Informationen neue berufliche Probleme zu analysieren und selbstständig zu bearbeiten. Das methodische Vorgehen dabei wird auf der folgenden Seite ausführlich dargestellt.

Neben dem Arbeitsbuch für die Schüler steht den Lehrern ein Lösungsbuch zur Verfügung, das ihnen die Unterrichtsvorbereitung und die Aufgabenstellung erleichtern kann. Hier finden sie neben dem vollständigen Text des Arbeitsbuches alle dort durch die Schüler in den Freiräumen direkt unterhalb der Aufgaben einzutragenden Lösungen. Darüber hinaus existieren Fragestellungen, zu denen die Antworten freier zu formulieren sind oder die ausführlicher beantwortet werden müssen (grüne Ziffern vor der Aufgabe). Ausgewählte Lösungsvorschläge stehen im Anhang des Lösungsbuches. Jedem Lösungsbuch liegt eine CD bei, die alle Lösungsvorschläge enthält.

Alle Seiten des Arbeitsbuches sind perforiert und gelocht, damit der Schüler sie zusammen mit anderen Unterrichtsmaterialien systematisch einordnen und für die Prüfungsvorbereitung sammeln kann.

Für die 2. **Auflage** wurden Fehler beseitigt, manche Einzelheiten verbessert und einige Aufgaben aktualisiert.

Die Autoren und der Verlag werden auch weiterhin jedem Leser für Verbesserungsvorschläge und Fehlerhinweise dankbar sein, die die Weiterentwicklung dieses Unterrichtswerkes fördern können. Ihre Zuschriften senden Sie bitte an lektorat@europa-lehrmittel.de.

Frühjahr 2012　　　　　　　　　　　　　　　Autoren und Verlag

Inhaltsverzeichnis

Lernfelder
Lernsituationen

LF 5 Herstellen von Bauelementen durch spanende Fertigung 5
- LS 5.1 Vorbereiten eines wirtschaftlichen Fertigungsprozesses 5
- LS 5.2 Ausführen eines Fertigungsauftrages ... 12
- LS 5.3 Fertigungsvorbereitung für eine Distanzscheibe 18
- LS 5.4 Arbeitsmittel und Fertigungsparameter beim Schleifen 30

LF 6 Warten und Inspizieren von Werkzeugmaschinen 31
- LS 6.1 Warten einer Drehmaschine 31
- LS 6.2 Warten einer Fräsmaschine 37
- LS 6.3 Beachten und Anwenden sicherheitstechnischer Maßnahmen 41

LF 7 Inbetriebnehmen steuerungstechnischer Systeme 43
- LS 7.1 Pneumatischer Werkstückvereinzeler mit einem Zylinder 43
- LS 7.2 Erweitern des Werkstückvereinzelers 47
- LS 7.3 Optimieren der Funktion 53
- LS 7.4 Umrüsten der Schaltung auf Elektropneumatik 56

LF 8 Programmieren von und Fertigen mit numerisch gesteuerten Werkzeugmaschinen .. 61
- LS 8.1 Die Fertigung mit CNC-Werkzeugmaschinen vorbereiten 61
- LS 8.2 Die Bearbeitung planen 65
- LS 8.3 Die Fertigung des Grundkörpers durchführen 69
- LS 8.4 Die Fertigung des Grundkörpers prüfen und optimieren 71
- LS 8.5 Die CNC-Fertigung eines Drehteils planen, durchführen und prüfen 73
- LS 8.6 Die Fertigung der Außenkontur optimieren 76
- LS 8.7 Die Fertigung der Innenkontur optimieren 76
- LS 8.8 Die Fertigung eines Frästeils planen, durchführen, prüfen und optimieren . 77
- LS 8.9 Die Bearbeitung eines Dreh-/Frästeils planen und vorbereiten 79

LF 9 Herstellen von Bauelementen durch Feinbearbeitungsverfahren 81
- LF 9.1 Feinbearbeitung von Spannbacken .. 81
- LF 9.2 Herstellen eines Kegellehrdorns 86
- LF 9.3 Feinbearbeitung eines Einspritzzylinders 92

Lernfelder
Lernsituationen

LF 10 Optimieren des Fertigungsprozesses 97
- LS 10.1 Eingangs- und Ausgangsgrößen des Zerspanungsprozesses 97
- LS 10.2 Trockenbearbeitung 99
- LS 10.3 Minimalmengenschmierung 102
- LS 10.4 Hartbearbeitung 105
- LS 10.5 Hochgeschwindigkeitsbearbeitung ... 109
- LS 10.6 Bewerten von Werkzeugverschleiß .. 112

LF 11 Teilsysteme rechnergestützter Produktionseinrichtungen 113
- LS 11.1 Rechnergestützte Fertigung 113
- LS 11.2 Schnittstellen der Datenübertragung . 114
- LS 11.3 Rechnergestützte Betriebsmittel- und Werkzeugverwaltung 116
- LS 11.4 Flexible Fertigungssysteme 117
- LS 11.5 Maschinenfähigkeitsnachweis 119
- LS 11.6 Industrieroboter 122
- LS 11.7 Parameterprogrammierung 125
- LS 11.8 CAD-CAM-Kopplung 128
- LS 11.9 Die Komplettbearbeitung eines Frästeils planen und vorbereiten 129

LF 12 Vorbereiten und Durchführen eines Einzelfertigungsauftrages 131
- LS 12.1 Herstellen einer Grundaufnahme 131
- LS 12.2 Lasten anschlagen 136

LF 13 Organisieren und Überwachen von Fertigungsprozessen in der Serienfertigung .. 141
- LS 13.1 Auftragsorganisation 141
- LS 13.2 Anforderungen an ein betriebliches Qualitätsmanagementsystem 143
- LS 13.3 Betriebliches Audit 145
- LS 13.4 Die Prozessfähigkeit untersuchen ... 146
- LS 13.5 Eine Prozessregelkarte erstellen und auswerten 149
- LS 13.6 Betriebsdatenerfassung 151

Sachwortverzeichnis .... 3. US

Firmenverzeichnis .... 3. US

Didaktisch-methodische Hinweise zum Einsatz dieses Arbeitsbuches im Unterricht

Absicht der vor einigen Jahren durch alle zuständigen Gremien erarbeiteten neuen Lehrpläne ist es, die zukünftigen Gesellen und Facharbeiter auf die Anforderungen des beruflichen Lebens vorzubereiten. Erreicht werden soll dies durch eine Annäherung des Fachtheorie-Unterrichts in der Berufschule an praxisrelevante berufliche Handlungen.

Für dieses Arbeitsbuch wurden Aufgaben ausgesucht, die betriebliche Handlungen beschreiben, aus denen entsprechende Arbeitsaufträge entstanden sind. Sowohl im Fachtheorie-Unterricht als auch in Zusammenarbeit mit dem Ausbildungsbetrieb lassen sie sich theoretisch und praktisch lösen. Bei sorgfältiger und umfassender Bearbeitung werden alle Lerninhalte des entsprechenden Lernfeldes damit zu einem großen Teil erarbeitet.

Neben freien Zeilen, in denen durch Eintragen der Lösungen hauptsächlich das notwendige Basiswissen überprüft werden soll, gibt es zusätzlich Aufgaben, in denen dieses Wissen in freier Form angewendet wird. Die Lösungen dieser Aufgaben finden sich teilweise am Schluss des Lösungsbuches und vollständig auf einer beigelegten CD. Es wird vorgeschlagen, neben einem Fachkundebuch und einem Tabellenbuch auch zusätzliche Unterlagen, wie zum Beispiel technische Zeichnungen, Arbeitspläne oder Übersichten zu verwenden. Sinnvoll ist es auch, betriebliche Unterlagen des Ausbildungsbetriebes soweit wie irgend möglich einzusetzen.

Die neun Lernfelder werden jeweils in einzelne Lernsituationen aufgegliedert. Innerhalb jeder Lernsituation wird neben der Lösung von Einzelaufgaben auch das Herangehen an eine größere Aufgabe geübt. Alle Arbeitsaufträge werden in der Abfolge **Analysieren**, **Planen**, **Durchführen** und **Beurteilen** durchgeführt. Diese Abschnitte sind wie auf dieser Seite farblich gekennzeichnet, sodass die Abfolge der einzelnen Arbeitsphasen sofort erkennbar ist.

Betrieblicher Arbeitsauftrag
Ausgehend von einer fiktiven Firma wird ein Arbeitsauftrag zuerst kurz beschrieben. Eine Benummerung gibt an, welchem Lernfeld die entsprechende Lernsituation zuzuordnen ist. Als Beispiel: 8.1 entspricht der ersten Lernsituation für den ersten Arbeitsauftrag des Lernfeldes 8. Hier wird jeweils der Arbeitsauftrag oder der betriebliche Auftrag soweit erläutert, dass der Auszubildende sich orientieren kann und weiß, welche Informationen er im nächsten Schritt einholen muss um den Auftrag durchzuführen.

Analysieren
In diesem Abschnitt werden die notwendigen Einzelheiten zur Bearbeitung des Auftrages aufgeführt und in einer Informationsphase in unterschiedlichem Maße durch den Nutzer selbst erarbeitet. Das Analysieren bedeutet eine aktive Auseinandersetzung mit dem Arbeitsauftrag und die Bereitstellung aller zum Verständnis und zur weiteren Abarbeitung des Arbeitsauftrages notwendigen Informationen.

Planen
Um professionell handeln zu können, muss der zukünftige Facharbeiter fehlerfrei und optimal alle Arbeitsschritte planen. Im Arbeitsbuch werden Planungsunterlagen vorgestellt. Im konkreten Fall müssen sie selbst erstellt und mit Vorüberlegungen über zu erwartende Problemstellungen ergänzt werden.

Durchführen
Der Arbeitsauftrag kann nach Erarbeitung der notwendigen Vorkenntnisse sowohl theoretisch nachvollzogen als auch im Ausbildungsbetrieb oder in der Lehrwerkstatt praktisch durchgeführt werden.

Beurteilen (zusammen mit Dokumentieren und Präsentieren)
Die gefundenen Lösungswege sollen möglichst in Gruppenarbeit vorgestellt, diskutiert und bewertet werden. Der Vergleich teilweise unterschiedlicher Lösungswege soll in Fachgesprächen den Lernprozess unterstützen.

LS 5.1 Vorbereiten eines wirtschaftlichen Fertigungspozesses

| MECHANIK GmbH | LF 5 | **Herstellen von Bauelementen durch spanende Fertigungsverfahren** *Using metal-cutting processes to manufacture building elements* |

Betrieblicher Arbeitsauftrag *Production work order*

Sie werden beauftragt die Fertigung eines Maschinentisches vorzubereiten. Durch Planfräsen soll ein Rohteil, Werkstoff S235JR, mit den Maßen 195 x 60 x 40 auf Ober- und Unterseite geschruppt werden.
Anschließend muss eine Seite geschlichtet werden. Vorab ist es notwendig den Zerspanungsprozess genauer zu betrachten und Schnittwerte zu ermitteln. Möglicherweise auftretende Probleme müssen vorab erkannt werden, um durch geschickte Auswahl der Fertigungsparameter einen reibungslosen und wirtschaftlichen Produktionsprozess zu gewährleisten.

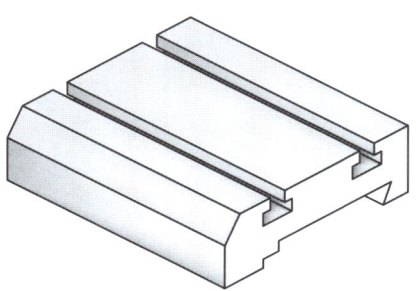

Lernsituation 5.1 Vorbereiten eines wirtschaftlichen Fertigungspozesses
Preparing economical production processes

Analysieren

Die sorgfältige Auswahl von Schneidstoff und Fräswerkzeug und die Ermittlung der genauen Schnittdaten ermöglichen einen wirtschaftlichen und zuverlässigen Herstellungsprozess.

Auswahl des Schneidstoffs und der Werkzeugschneide
Für die Schrupp- und Schlichtarbeiten soll ein Planfräskopf verwendet werden.

1. In der Fachliteratur (z. B. Tabellenbuch) finden Sie eine Übersicht über gängige Schneidstoffe. Vergleichen Sie die Schneidstoffe hinsichtlich des Einsatzgebietes und der Eigenschaften. Wählen Sie den für die meisten Bearbeitungsfälle Günstigsten aus und begründen Sie Ihre Entscheidung.

2. Tragen Sie in der Skizze die Hauptschneide, die Nebenschneide und die Planfase ein.

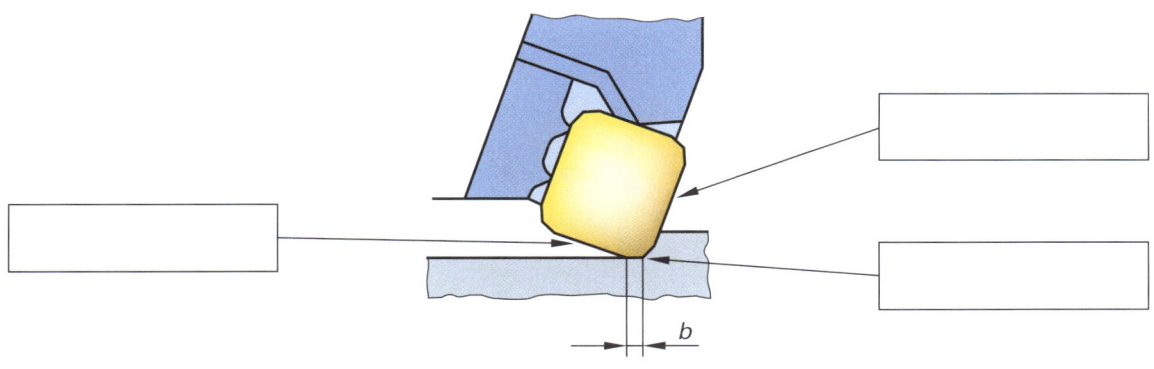

3. Stellen Sie fest, warum es unterschiedliche Schneidplatten und Spannsysteme für das Schruppen (Vorfräsen) und das Schlichten (Fertigfräsen) gibt. Markieren Sie unter den folgenden Bildern, welche der abgebildeten Variante eher zum Schruppen oder welche zum Schlichten geeignet ist?

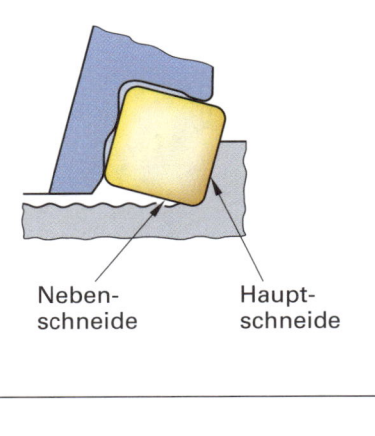

Nebenschneide   Hauptschneide

Planfasenplatte   Wiper-WSP

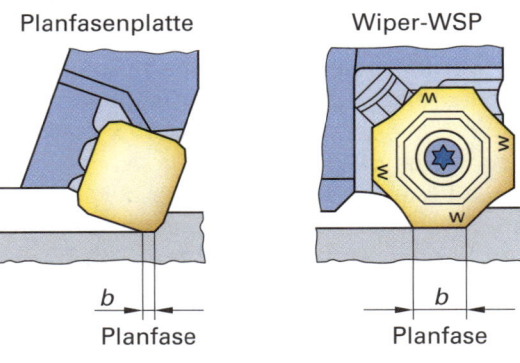

b   Planfase   b   Planfase

4. Notieren Sie, was bei der Endbearbeitung mit Breitschlichtplatten hinsichtlich Vorschub je Fräserumdrehung zu beachten ist, um eine hohe Oberflächengüte zu erreichen?

5. Informieren Sie sich über die prinzipiellen Ursachen des Verschleißes bei Werkzeugschneiden. Vervollständigen Sie anschließend die untenstehende Tabelle über die Ursachen der verschiedenen Verschleißformen am Werkzeug.

Prinzipielle Ursachen sind:

Verschleißformen		Kolkverschleiß		Schneidkantenverschleiß	Schneidenausbruch	Aufbauschneide
Bild						
Verschleißort an der Schneidplatte						auf der Spanfläche an der Schneidkante
Ursache		Abrieb und Diffusion				

LS 5.1 Vorbereiten eines wirtschaftlichen Fertigungspozesses

6. In der Zeichnung werden Aussagen zur Positionierung des Planfräsers über dem Werkstück getroffen. Erarbeiten Sie mit einem Mitschüler die Informationen bezüglich des idealen Fräserdurchmessers und der außermittigen Lage. Notieren Sie auch, was damit erreicht werden soll. Tauschen Sie sich über diesbezügliche Erfahrungen in Ihrem Ausbildungsbetrieb aus. Belegen Sie anschließend Ihre Erkenntnisse durch Fachliteratur. Fassen Sie die Ergebnisse in wenigen Sätzen zusammen.

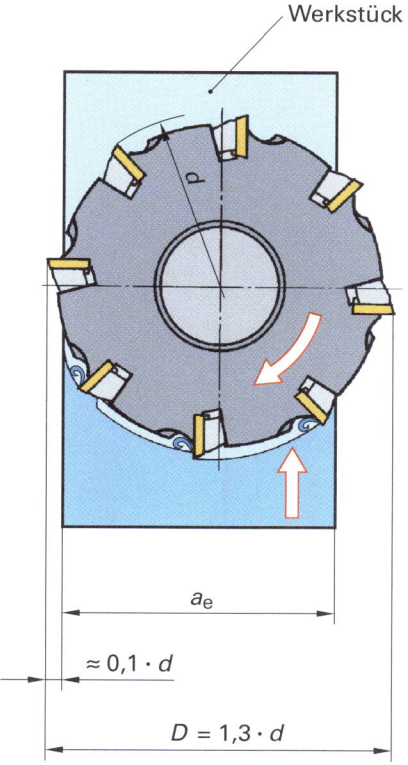

Schneidengeometrie

7. Informieren Sie sich über die Schneidengeometrie an der Werkzeugschneide. Tragen Sie anschließend die durch Pfeile gekennzeichneten Winkel in die Zeichnung ein. Ergänzen Sie die Legende.

-winkel =

-winkel =

-winkel =

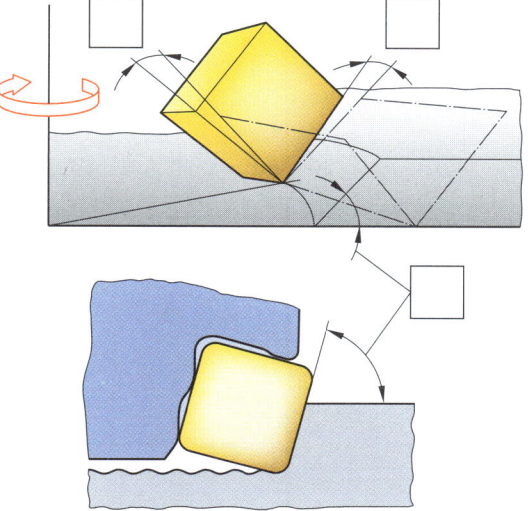

Beim Planfräsen werden drei Geometrieausführungen unterschieden:

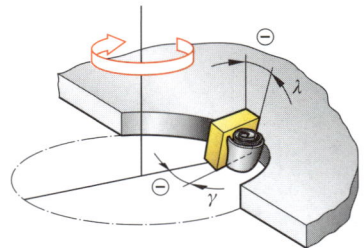
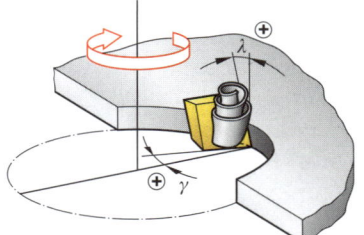
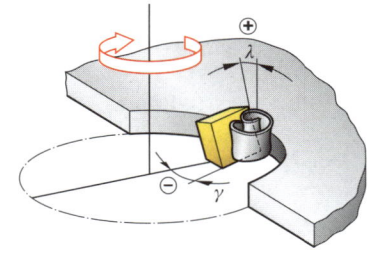

Doppelt-negative Geometrie

Doppelt-positive Geometrie

Für dünnwandige, instabile Werkstücke, Teile mit Risiko zum Kaltverfestigen

Positiv-negative Geometrie

Erfordert hohe Antriebsleistung

Wird auch „clear shear"-Schnitt genannt.

8. Ergänzen Sie die Erläuterungen!

Schnittkraft und Schnittleistung

9. Die **Schnittkräfte** wirken der Wirkrichtung (Schnittrichtung) jeweils entgegen. Der **Eingriffswinkel** ergibt sich aus dem Anschnitt der Schneide bis zum Verlassen der Bearbeitungszone. Zeichnen Sie den Eingriffswinkel φ_S und mit Pfeilen die Schnittkraft F_c und die Vorschubkraft F_f für das Gegenlauffräsen, Gleichlauffräsen und das Symmetrische Stirnplanfräsen (nächste Seite) farbig ein.
Hinweis: Zur Vereinfachung nehmen Sie eine Hartmetallplatte oder einen ähnlichen Körper zur Hand und stellen die Lage der Schneidplatte auf der Zeichnung nach.

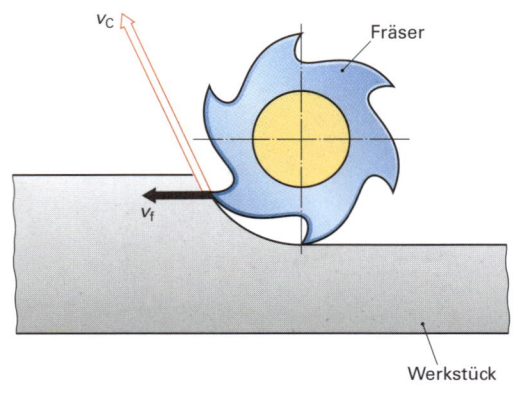
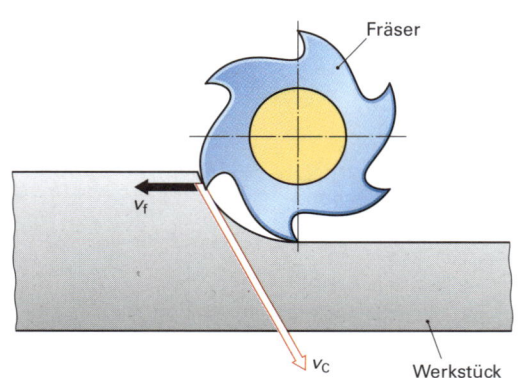

Gegenlauffräsen　　　　　　　　　　　　**Gleichlauffräsen**

LS 5.1 Vorbereiten eines wirtschaftlichen Fertigungspozesses

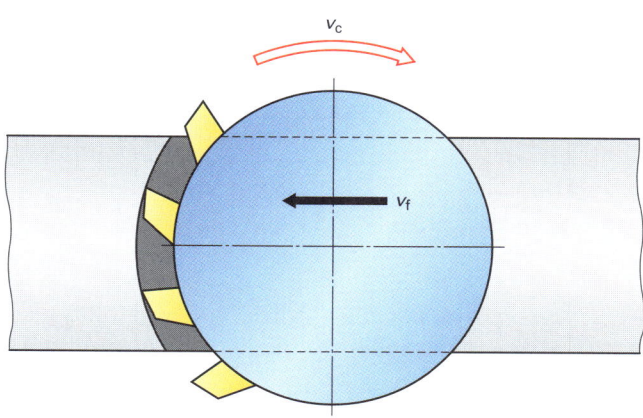

Symmetrisches Stirnplanfräsen

Hinweis zur spezifischen Schnittkraft:
Die in Tabellen verfügbaren spezifischen Schnittkräfte werden durch Versuche ermittelt. Werkzeug- und werkstoffabhängig ergeben sich unterschiedliche Werte, die unterschiedliche Angaben in Tabellen zur Folge haben. Außerdem werden zum Teil weitere Faktoren berücksichtigt, wie z. B. ein gewisser Grad der Werkzeugabnutzung. Das von Ihnen genutzte Tabellenbuch kann also ein von diesem Lösungsvorschlag abweichendes Ergebnis erbringen. Diese Lösung orientiert sich an der Tabelle im Lehrbuch Fachbildung Zerspantechnik.

10. Wie werden Schnittkraft und Schnittleistung ermittelt? Wozu werden diese Daten benötigt?

Die Schnittkraft F_c = _____ = _____ wird benötigt um

_____

Die Schnittleistung P_c = _____ wird benötigt um

_____

Planen

11. Informieren Sie sich, welche Hilfsmittel Ihnen zur Verfügung stehen, um die notwendigen Berechnungen über auftretende Kräfte und die erforderliche Maschinenleistung durchzuführen. Notieren Sie die Wichtigsten.

_____
_____
_____
_____
_____

12. Informieren Sie sich über die Kenndaten (z. B. die Antriebsleistung) geeigneter Fräsmaschinen Ihrer Schule oder des Ausbildungsbetriebes.

Durchführen

13. Ermitteln Sie die Antriebsleistung und die Hauptnutzungszeit für das Stirnplanfräsen des Rohteils gemäß Arbeitsauftrag (Seite 5). Beide Seiten sollen durch Planfräsen bearbeitet werden. Eine Seite soll mit einer Schnitttiefe a_p = 1 mm geschlichtet werden. Das Endmaß (T) beträgt 32,5 mm.
Fertigen Sie eine Skizze des Rohteils an. Überlegen Sie, welches Spannmittel Sie verwenden werden.

LS 5.1 Vorbereiten eines wirtschaftlichen Fertigungspozesses

Weitere Angaben:

Fräserdurchmesser:	$D = d = 90$ mm	Vorschub je Schneide:	$f_z = 0{,}3$ mm
Zähnezahl:	$z = 14$	Einstellwinkel:	$\varkappa = 45°$
Schneidstoff:	Hartmetall	Neigungswinkel:	$\lambda = 19°$
Schnittgeschwindigkeit:	$v_c = 60$ m/min	An- und Überlauf:	$l_a = 5$ mm; $l_u = 5$ mm

14. In einem ersten Bearbeitungsschritt soll die Oberfläche beidseitig um 3,25 mm geschruppt werden. Ergänzen Sie die Berechnungstabelle um die fehlenden Angaben.

Bezeichnung	Formelzeichen	Formel	Berechnung	Ergebnis
Schnittbreite				
Schnitttiefe				
Eingriffswinkel				
Spanungsdicke				
Anzahl der Schneiden im Eingriff	z_e			
	A			
	n			
	v_f			
		$a_p \cdot a_e \cdot v_f$		
Spezifische Schnittkraft		$k_c = \dfrac{k_{c1.1}}{m_c}$	$k_{c1.1}$ und m_c abgelesen in der Richtwerttabelle für S235	$\dfrac{1610\,\frac{N}{mm^2}}{0{,}27^{34}} = 2513\,\dfrac{N}{mm^2}$
	F_c			
Schnittleistung		$F_c \cdot v_c$		
Antriebsleistung	P_a	$\dfrac{P_c}{\eta}$		
Anschnitt				
Vorschubweg				
Hauptnutzungszeit	t_h			

15. Vergleichen Sie Ihre Ergebnisse untereinander.

LS 5.1 Vorbereiten eines wirtschaftlichen Fertigungspozesses

16. Ermitteln Sie die Schnittdaten für die Schlichtbearbeitung bei einem Vorschub je Zahn $f_z = 0{,}1$ mm!

Bezeichnung	Formelzeichen	Formel	Berechnung	Ergebnis
Schnittbreite				
Schnitttiefe				
Eingriffswinkel		$\sin\frac{\varphi_s}{2} = \frac{a_e}{a}$	$\sin\frac{\varphi_s}{2} = 0{,}66$	
Spanungsdicke				
Anzahl der Schneiden im Eingriff	z_e			
	A			
	n			
	v_f			
		$a_p \cdot a_e \cdot v_f$		
Spezifische Schnittkraft		$k_c = \dfrac{k_{c1.1}}{h^{m_c}}$	$k_{c1.1}$ und m_c abgelesen in der Richtwerttabelle für S235	$\dfrac{1610\,\frac{N}{mm^2}}{0{,}27^{34}} = 2513\,\dfrac{N}{mm^2}$
	F_c			
Schnittleistung		$F_c \cdot v_c$		
Antriebsleistung	P_a	$\dfrac{P_c}{\eta}$		
Anschnitt				
Vorschubweg				
Hauptnutzungszeit	t_h			

17. Überlegen und formulieren Sie, was beim Spannen des Werkstückes hinsichtlich der Spannbacken beachtet werden muss.

18. Vergleichen Sie die Leistungsdaten vom Schruppen und Schlichten.
Ist die Leistung der Ihnen zur Verfügung stehenden Fräsmaschinen ausreichend?
Welche Parameter sollten verändert werden, um die Hauptnutzungszeit zu verringern?

Betrieblicher Arbeitsauftrag *Production work order*

Ihre Firma hat von einem Ingenieurbüro den Auftrag erhalten, den Prototyp eines neu entwickelten Sportgerätes zu bauen. Dazu erhalten Sie den Auftrag die Gewichte aus Rundstahl herzustellen.

Lernsituation 5.2   Ausführen eines Fertigungsauftrages *Executing a production order*

Analysieren

Aus der Gesamtzeichnung (GWC003-00) können erste Informationen gewonnen werden. Hier ist ersichtlich, an welcher Stelle des Gerätes das Werkstück zum Einsatz kommen soll und welche Funktion es dort erfüllt. Im rechten unteren Teil der Zeichnung sind weitere wichtige Informationen zu finden:

Die Teile an Position 3 und 4 wurden vom Konstrukteur als „Gewicht 2,5 kg" und „Gewicht 5 kg" bezeichnet. Es werden 19 Bauelemente mit der Ident.-Nr. D009-01 und ein Gewicht mit der Ident.-Nr. D009-02 pro Fitnessgerät benötigt.

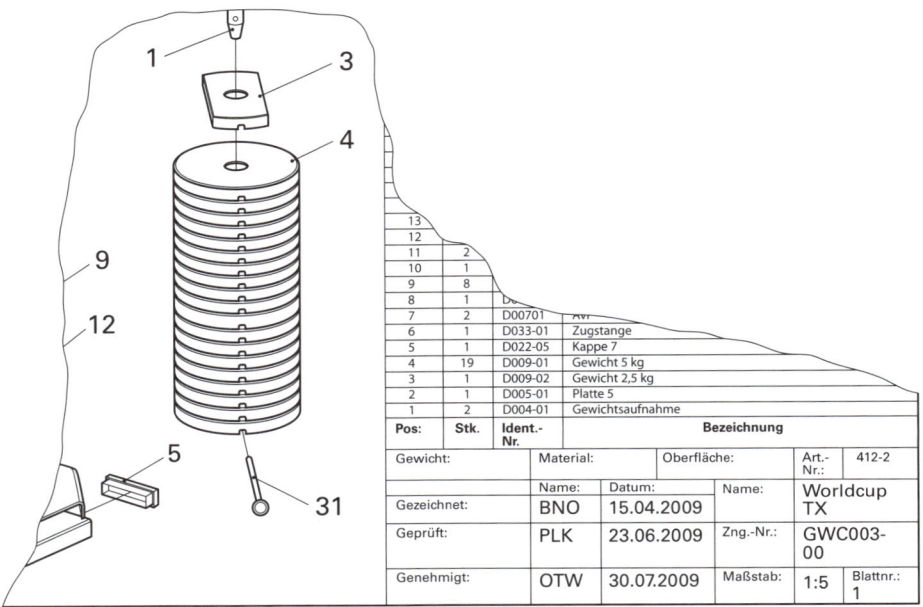

Ausschnitt aus der Gesamtzeichnung

1. Überlegen und notieren Sie mindestens drei Gründe, warum der Konstrukteur Identifikationsnummern vergibt.

LS 5.2 Ausführen eines Fertigungsauftrages

Auf technischen Zeichnungen können neben den Abmaßen, den Toleranzangaben, der Oberflächengüte und einigen Besonderheiten viele weitere Informationen dem Schriftfeld der Einzelteilzeichnung entnommen werden.

1. Tragen Sie die Begriffe im Bild ein.

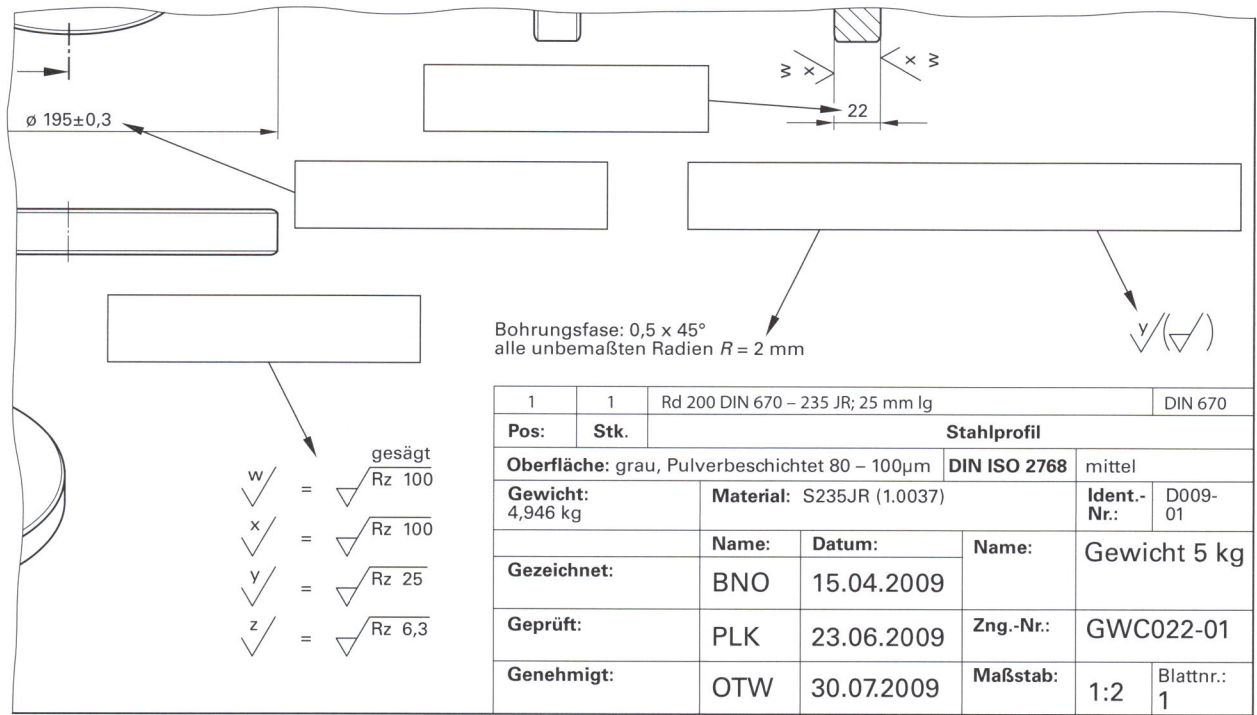

Ausschnitt Einzelteilzeichnung „Gewicht 5 kg"

2. Notieren Sie die für die Herstellung notwendigen Informationen aus dem Schriftfeld:

- **Ausgangsprodukt Halbzeug:**

- **Material:**

- **Insgesamt benötigte Menge:**
- **Masse pro Stück:**
- **Das Werkstück wird nach der Fertigung mit einer Schichtstärke von**
      µm ...   µm mit   Farbe   beschichtet.
- **Die Maße auf der Zeichnung entsprechen den Originalmaßen in einem Verhältnis von 1 zu 2. Das Werkstück ist also   so groß wie auf der Zeichnung.**
- **Alle nicht extra ausgezeichneten Toleranzen entsprechen den Allgemeintoleranzen   nach DIN ISO 2768.**

Technische Zeichnungen geben nicht nur Auskunft über Formen und Maße. Sie sind ein wichtiges Verständigungsmittel zwischen Konstrukteur und Hersteller. Damit das fertige Produkt wie geplant funktioniert, müssen die Anweisungen der Zeichnung genau befolgt werden.

LS 5.2 Ausführen eines Fertigungsauftrages

Planen

3. Fertigen Sie je eine Einzelteilzeichnung für das Gewicht 5 kg und das Gewicht 2,5 kg nach folgenden Maßen (Tabelle) an. Ergänzen Sie mithilfe des Tabellenbuches die Tabelle in der Spalte „Allgemeintoleranz".

4. Es gilt die Toleranzklasse „mittel". Welche Oberflächengüte halten Sie für die einzelnen Flächen und Radien sinnvoll?

Benennung	Nennmaß in mm	Allgemeintoleranz in mm
Durchmesser	195	
Dicke	22	
Bohrung	28	
Nut (siehe Gesamtzeichnung S. 12)	9 x 9	
Phase Außenradius	1 x 45°	
Bohrungsphase	0,5 x 45°	
Breite (nur Gewicht 2,5 kg)	85	
Rauheit	Mantelfläche: R_z 100; Alle anderen Flächen R_z 25	

Im Lager stellen Sie fest, dass Sie den geforderten Rundstahl mit einer Länge von 800 mm vorrätig haben. Sie müssen errechnen, ob die Menge ausreichend ist oder ob weiteres Material bestellt werden muss. Für die Werkstücke „Gewicht 5 kg" und Gewicht 2,5 kg wird das gleiche Halbzeug gefordert. Sie benötigen also 20 Stück Halbzeug mit dem Durchmesser 200 mm und der Breite 25 mm. Um 20 Halbzeuge nach Zeichnungsvorgabe zu erhalten muss 19 oder 20 Mal gesägt werden. Bei jedem Schnitt gehen durch die Breite des Kreissägeblatts ca. 6 mm als Späne „verloren".

5. Berechnen Sie den Materialbedarf und entscheiden Sie, ob Material bestellt werden muss.

geg:	ges:
Lös:	
Es muss bestellt werden.	

LS 5.2 Ausführen eines Fertigungsauftrages

Arbeitsplan erstellen

Um zu prüfen, ob eine Fertigung in ihrem Betrieb möglich ist, soll eine Fertigungsfolge erstellt werden. Ihnen stehen Bandsägemaschine, Ständerbohrmaschine, Drehmaschine und Fräsmaschine der Werkstatt zur Verfügung. Weil bei erfolgreicher Auftragsausführung eine Bestellung über größere Stückzahlen erwartet wird, sollen für die Herstellung der Einzelteile eine Sägemaschine und für die Bohrungen eine Ständerbohrmaschine verwendet werden.

6. Erstellen Sie den Arbeitsplan:

Arbeitsplan Auftragsnummer:		Bearbeiter: Datum:		
Benennung: Gewicht Werkstoff: S235JR Abmessung: Ø 195 ±0,3 x 22		Losgröße: Gewicht/Teil: Termin:	20 4,948 Kg sofort	
Arb.-gang	Arbeitsvorgang Maße in mm	Werkzeug	Spannmittel	WZM
10				
20				
30				
40				
50				
60				
70				
80				
90				
100				
110				
120				
130				
140				
150				

Durchführen

Werkzeuge und Einstellwerte festlegen

Zum Ausführen des Auftrages gemäß Arbeitsplan müssen Werkzeuge und Maschinen ausgewählt und deren Parameter ermittelt werden.

7. Wählen Sie geeignete Maschinen Ihres Ausbildungsbetriebes oder der Werkstatt Ihrer Berufsschule aus und begründen Sie, warum Sie diese Auswahl getroffen haben. Ändern Sie den vorgegebenen Arbeitsplan entsprechend ab.

8. Legen Sie die spezifischen Fertigungsparameter für die gewählten Maschinen fest.
   Wichtig sind insbesondere die Schnittgeschwindigkeit v_c, der Vorschub f, die Drehzahl des Werkstücks n und die Schnitttiefe a_p für das Drehen.
   Für die Fräsaufgaben müssen Schnittgeschwindigkeit v_f, die Vorschubgeschwindigkeit f_z, die Drehzahl des Fräsers n entsprechend der Zähnezahl des Fräsers ermittelt werden.
   Nutzen Sie dazu die Richtwerttabellen, das Drehzahldiagramm sowie die Berechnungsgrundlagen des Tabellenbuches.
   Wichtige Informationen und Berechnungsbeispiele finden Sie in Ihrem Lehrbuch.

9. Kontrollieren Sie mithilfe der Herstellerunterlagen des jeweiligen Werkzeugherstellers, ob die ermittelten Werte mit den vorhandenen Werkzeugen umgesetzt werden können.

10. Ermitteln Sie die an jeder Maschine auftretende maximal erforderliche Schnittleistung. Vergleichen Sie diesen Wert mit der verfügbaren Schnittleistung der gewählten Maschine. Ist eine Bearbeitung möglich?
    Wichtige Informationen und ein Berechnungsbeispiel finden Sie in Ihrem Lehrbuch.

11. Beschreiben Sie, welche Werkzeuge, Spannmittel und Hilfsmittel vor Beginn der Arbeit am Lager bestellt werden müssen.

12. Informieren Sie sich, welche Besonderheiten zur Arbeitssicherheit an den von Ihnen zu bedienenden Maschinen einzuhalten sind.

Beurteilen

13. Überlegen und begründen Sie, ob es sinnvoll ist, die Bohrungen der Werkstücke durch das Fertigungsverfahren „Reiben" zu bearbeiten.

14. Fertigen Sie ein Prüfprotokoll für beide Gewichte an. Füllen Sie den Kopfbereich der Tabelle (Seite 17) komplett aus.

Analysieren

15. Fassen Sie Ihre erarbeiteten Unterlagen (Arbeitsplan, Technische Zeichnungen, Prüfplan, Berechnungen) zusammen. Überlegen Sie, wie Sie einem Fachkollegen (z. B. dem Meister) die einzelnen Schritte der gefundenen Lösungen erläutern und begründen können. Erstellen Sie falls notwendig entsprechende Präsentationsunterlagen, wie z. B. Übersichten, Skizzen oder ein Gedächtnisprotokoll über Begründungen warum einzelne Entscheidungen getroffen worden sind.

LS 5.2 Ausführen eines Fertigungsauftrages

Prüfprotokoll											
Auftrag Nr.:											
Benennung:						Ident-Nr.:					
Prüfer:						Datum:					
Teil Nr:	Prüfmerkmal									Gut	Nach-arbeit	Aus-schuss
	Maß	Maß	Maß	Maß	Maß	R_z	R_z	Maß				
1												
2												
3												
4												
5												
6												
7												
8												
9												
10												
11												
12												
13												
14												
15												
16												
17												
18												
19												
20												

LS 5.3 Vorüberlegungen und Fertigungsvorbereitung für eine Distanzscheibe

Betrieblicher Arbeitsauftrag *Production work order*

Bei Wartungsarbeiten an einer Maschine Ihres Betriebes wurde festgestellt, dass ein Maschinenteil ausgewechselt werden muss. Sie werden beauftragt ein bereits vorgefertigtes Teil durch Drehen zu bearbeiten (im Bild sehen Sie das komplette Teil).

Lernsituation 5.3 Vorüberlegungen und Fertigungsvorbereitung für eine Distanzscheibe *Preliminary considerations and preparations for the manufacture of shims*

Analysieren

1. Drehen gehört zur Gruppe der spanenden Fertigungsverfahren. Kennzeichnen Sie im folgenden Bild die Funktionseinheiten Maschinenbett, Längsschlitten, Reitstock, Planschlitten, Spindel, Bedieneinheit, Spindelstock.

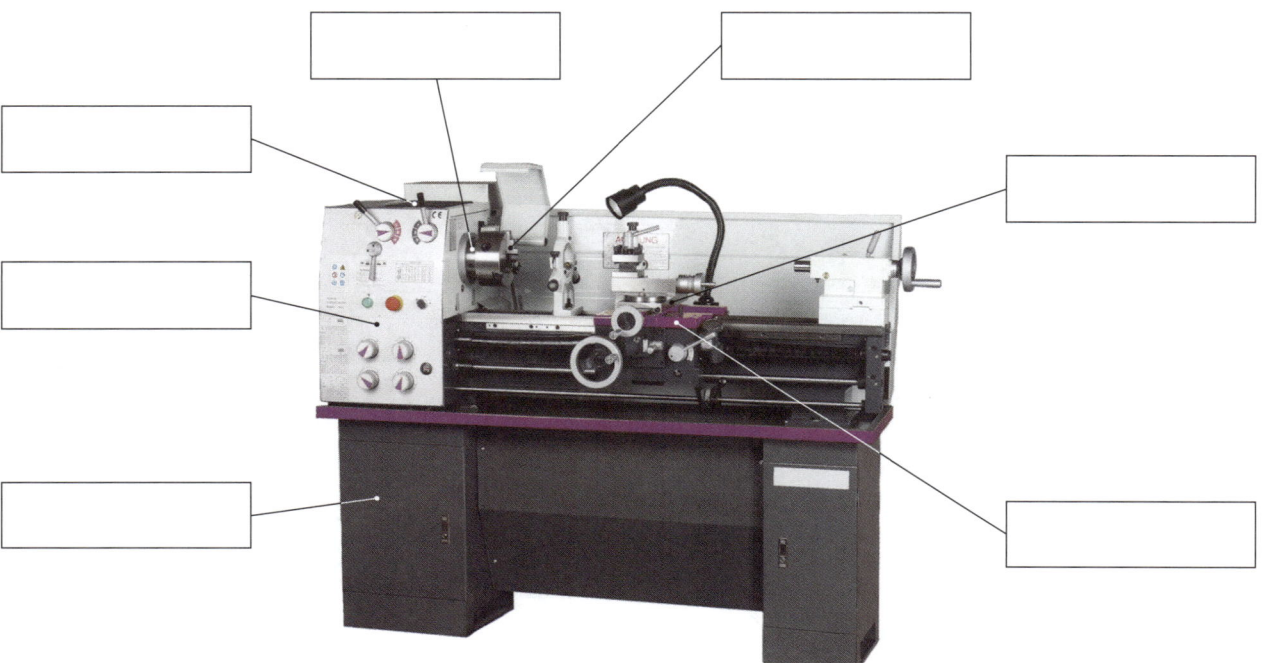

Drehmaschine

2. Notieren Sie, wie sich das Drehen grundsätzlich vom Fräsen unterscheidet?

LS 5.3 Vorüberlegungen und Fertigungsvorbereitung für eine Distanzscheibe

3. Kennzeichnen Sie an der Fräsmaschine im folgenden Bild Steuerpult, Spindelstock, Fräskopf, Schwenkkopf, Spanntisch, Schutzkabine, Not-Aus-Schalter

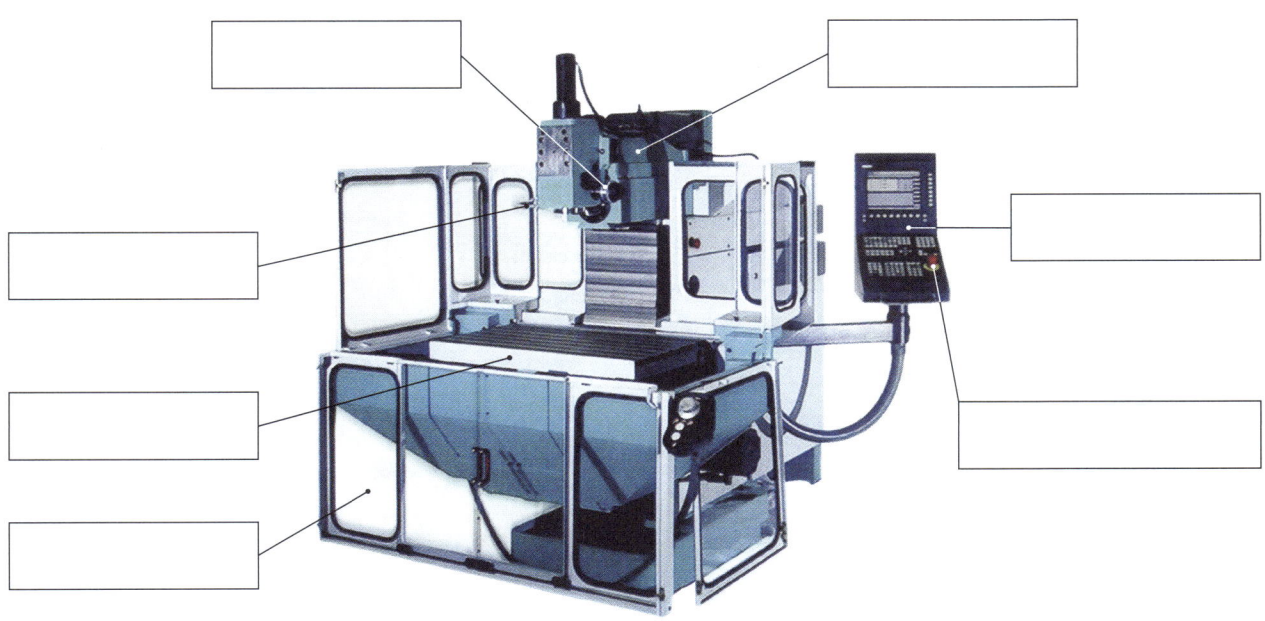

CNC-Fräsmaschine

Die Funktionseinheiten von Werkzeugmaschinen setzen sich meist aus einer Vielzahl von Maschinenelementen zusammen. Sehr häufig eingesetzte Funktionseinheiten und Maschinenelemente sind Schrauben, Muttern, Stifte, Bolzen, Führungen, Lager, Achsen, Wellen, Kupplungen und Getriebe. Ohne genaue Kenntniss über Aussehen, Funktion und Bezeichnung sind Fachgespräche mit Kollegen nicht möglich.

4. Nennen Sie Maschinenelemente, die an Fräsmaschinen zu finden sind!

5. Was besagt die Bezeichnung 5.6 auf dem Schraubenkopf im Bild?

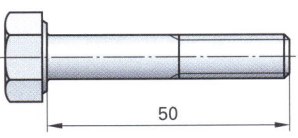  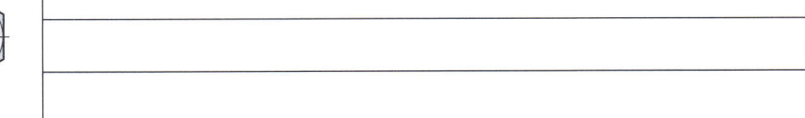

6. Was bedeutet die Bezeichnung: Sechskantschraube DIN EN 24014 – M 12 x 80 - 8.8?

7. Warum werden im Maschinenbau häufig Stift- und Bolzenverbindungen statt Schraubenverbindungen eingesetzt? Handelt es sich um lösbare oder um unlösbare Verbindungen?

8. Aus welchen Gründen werden an Waagerecht-Fräsmaschinen die Fräswerkzeuge durch eine Welle-Nabe-Verbindung gespannt?

9. Unter welchen Einsatzbedingungen ist es sinnvoller Gleitlager statt Wälzlager zu verwenden?

10. Wozu dienen Schmiermittel?

11. Erläutern Sie die Reibungszustände mithilfe des Stribeck-Diagramms (Bild).

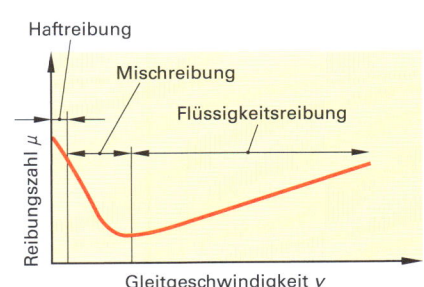

12. Wellen und Achsen können die gleiche Bauform haben. Wo liegt der Unterschied?

13. Was muss beim Betätigen formschlüssiger Kupplungen beachtet werden?

14. Erläutern Sie die Funktionsweise des Umschlingungstriebes im Bild. Nennen Sie Werkzeugmaschinen in denen dieses Getriebe verbaut ist.

15. Die von den Motoren der Werkzeugmaschinen erzeugten Kräfte werden durch Zahnräder, Riemen- oder Kettentriebe und Hebel an die Wirkstelle (z. B. Werkzeug, Maschinentisch) übertragen. Dabei ändern sich Drehzahl, Drehmoment und Übersetzungsverhältnisse. Notieren Sie die Berechnungsgrundlagen.

16. Berechnen Sie folgende Problemstellungen:

    16.1 Ein Werkstück mit einer Masse von m_1 = 90 kg soll durch Hebelkraft kurz angehoben werden (Bild 2). Das benutzte Rohr ist 1800 m lang. Der Drehpunkt des Rohres liegt bei einer Länge l_1 = 450 mm an. Welche Kraft F_2 ist notwendig um die Last zu heben? Ist diese Vorgehensweise zulässig?

    16.2 Eine Schraubenverbindung darf mit einem maximalen Drehmoment von M = 40 Nm angezogen werden (Bild 3).

    Da Sie keinen Drehmomentenschlüssel zur Hand haben, benutzen Sie einen herkömmlichen Maulschlüssel.

    a) Welche Kraft dürfen Sie maximal erzeugen, wenn der Schlüssel eine wirksame Grifflänge von 250 mm hat?

    b) Welche Masse könnte man mit der errechneten Kraft heben?

    c) Ist es sinnvoll in einem solchen Fall auf einen Drehmomentenschlüssel zu verzichten?

    16.3 In welchem der Zahnräder (Bild 4) ergibt sich das größere Drehmoment?

    16.4 Welches Übersetzungsverhältnis liegt vor, wenn das treibende Rad 14 Zähne und das getriebene Rad 22 Zähne hat?

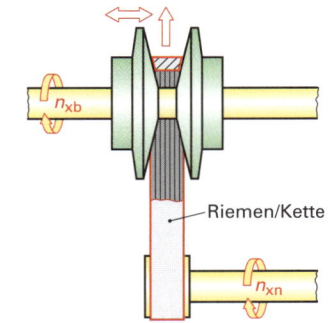

1 Riementrieb

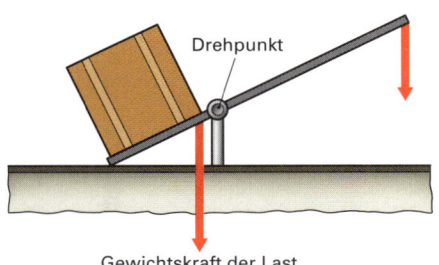

2 Hebel

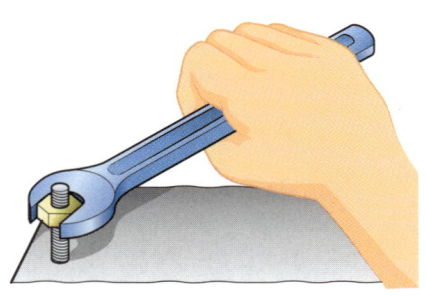

3 Schraubenverbindung

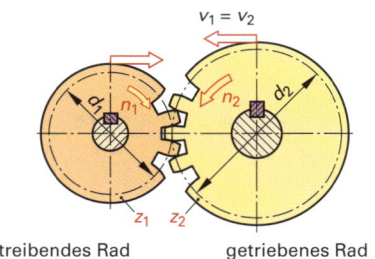

treibendes Rad   getriebenes Rad

4 Zahnradtrieb

LS 5.3 Vorüberlegungen und Fertigungsvorbereitung für eine Distanzscheibe

Bei allen spanenden Fertigungsverfahren werden das Werkstück und das Werkzeug relativ zueinander bewegt. Man unterscheidet hier zwischen Schnittbewegung, Vorschubbewegung, Zustellbewegung, Positionierbewegung und Wirkbewegung.

17. Informieren Sie sich über die Spanungsbewegungen. Tragen Sie anschließend ohne das Benutzen weiterer Unterlagen das dargestellte Fertigungsverfahren und in verschiedenen Farben die Schnittbewegung und die Zustellbewegung ein. Kontrollieren Sie anschließend das Ergebnis Ihrer Arbeit mit dem Lehrbuch.

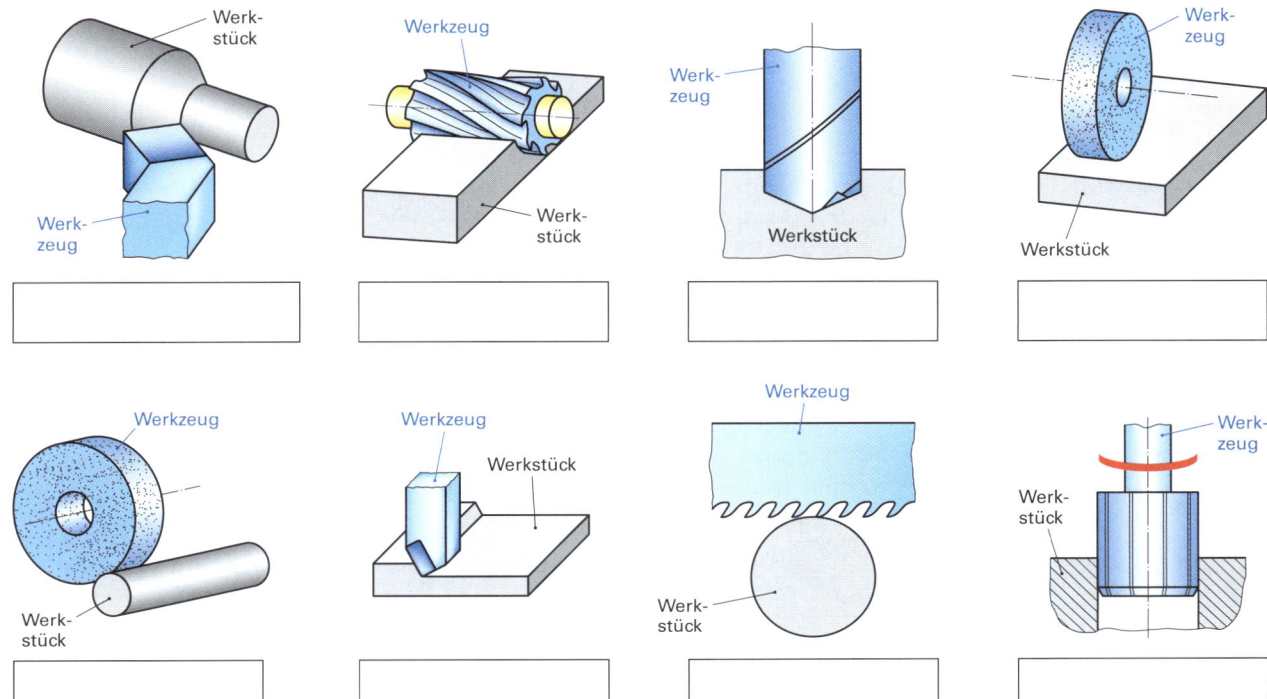

Werkzeugmaschinen setzen sich aus verschiedenen Funktionseinheiten zusammen. Diese Funktionseinheiten sind:
- Stütz- und Trageinheit
- Antriebseinheit oder mehrere Antriebseinheiten
- Vorschubeinheit
- Energieübertragungseinheit
- Steuereinheit

18. Bereiten Sie eine Präsentation vor. Das Ziel soll sein, Ihren Mitschülern einen Überblick über Aufbau und Funktionsweise einer der Funktionseinheiten einer Werkzeugmaschine zu geben. Beginnen Sie mit der Auswahl einer Dreh-, Fräs- oder Schleifmaschine. Wählen Sie eine Funktionseinheit aus.

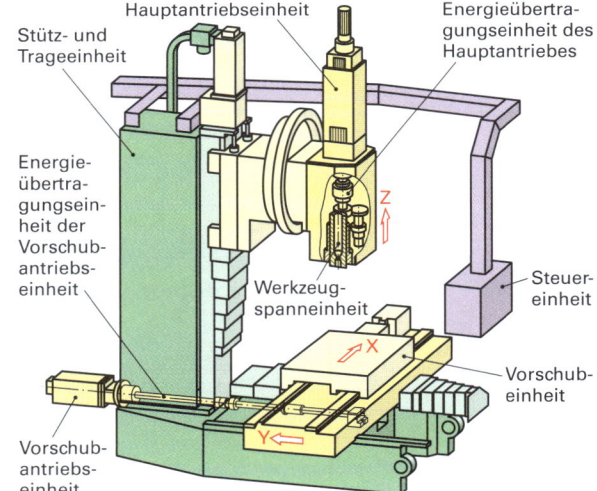

Nutzen Sie die Ihnen bekannten Präsentationstechniken. Bedenken Sie dabei Folgendes:
- Schriftgröße und Übersichtlichkeit beim Erstellen von Plakaten oder Folien
- farbliche Gestaltung
- sprechen Sie laut, deutlich und benutzen Sie Fachbegriffe
- Stellen Sie sicher, dass „Ihre Auszubildenden" die Möglichkeit haben das Gelernte festzuhalten. Erarbeiten Sie bspw. ein Tafelbild, ein Arbeitsblatt oder einen Merkzettel. Geben Sie Zeit zum Mitschreiben und für Nachfragen.

LS 5.3 Vorüberlegungen und Fertigungsvorbereitung für eine Distanzscheibe

Planen

Jedes Wirtschaftsunternehmen muss höhere Einnahmen erzielen als Kosten verursacht werden. Man sagt dazu auch: „Ein Unternehmen muss wirtschaftlich handeln". Einnahmen können vom Unternehmen über den geforderten Preis für Waren und Dienstleistungen beeinflusst werden. Der Preis für die Waren muss einerseits niedrig genug sein, damit sich ein Käufer findet. Andererseits muss er hoch genug sein, um die bei der Herstellung entstandenen Kosten zu decken und darüber hinaus einen Gewinn zu erzielen. Das Finden solcher Preise wird in der Betriebswirtschaft „Kalkulation" genannt. Ein Zerspanungsmechaniker muss diese Berechnungen im betrieblichen Alltag in der Regel nicht durchführen, jedoch prinzipiell verstehen.

19. Überlegen Sie, wodurch in ihrem Ausbildungsbetrieb Kosten entstehen, die in der Kalkulation eine Rolle spielen sollten.
20. Auf welche Kostenarten haben Sie in ihrer Tätigkeit als Facharbeiter direkten Einfluss?

Fertigungskosten sind alle mit der Produktionsabwicklung verbundenen Kosten. Sie werden durch Addieren von Fertigungslohn, Sondereinzelkosten und Fertigungsgemeinkosten der Fertigung ermittelt:
Einzellohnkosten + Sondereinzelkosten der Fertigung = Fertigungseinzelkosten
Fertigungseinzelkosten + Fertigungsgemeinkosten = Fertigungskosten

Einzellohnkosten:	Die Löhne der z. B. in der Abteilung Fräsen (buchtechnisch) beschäftigten Mitarbeiter.
Sondereinzelkosten der Fertigung:	• Energieverbrauch, wenn dieser einem Produkt direkt zurechenbar ist • Forschungs- und Entwicklungskosten • Kosten für Spezialwerkzeuge oder Modelle • Lizenzen für Fertigungsverfahren
Fertigungseinzelkosten	Kosten der Fertigung, die einem Kostenträger direkt zugeordnet werden können.
Fertigungsgemeinkosten	Kosten für Hilfsmaterial, Energiekosten, kalkulatorische Abschreibung oder Zinsen, Betriebsmittel.

Die Fertigungskosten umfassen <u>nicht</u> die mit dem Einkauf und der Lagerung von Material verbundenen Kosten. Es gilt: **Materialkosten + Fertigungskosten = Herstellkosten**.
Ein kleiner Teil dieser umfangreichen Berechnungen ist die Ermittlung des Maschinenstundensatzes.

21. Was versteht man unter Maschinenstundensatz und welche Kostenarten beinhaltet er?
22. Ermitteln Sie den Maschinenstundensatz für die Werkzeugmaschine unter folgenden Bedingungen:

Beschaffungswert: 250.000 € Leistungsaufnahme: 12 kW Raumkosten pro Monat: 5 €/m²	Zusätzliche Instandhaltung: 5 €/h Nutzungsdauer: 8 Jahre Kosten pro kWh: 0,12 €	Kalkulatorische Zinsen: 8 % Grundgebühr pro Monat: 20 € Instandhaltung pro Jahr: 5000 €

Kostenart	Berechnung	Fixe Kosten pro Jahr in €	Variable Kosten in €/h
Kalkulatorische Abschreibung			
Kalkulatorische Zinsen			
Instandhaltungskosten Instandhaltungsfaktor 0,6			
Energiekosten			
Anteilige Raumkosten Raumbedarf: 10 m²			
	Summe der Maschinenkosten		

LS 5.3 Vorüberlegungen und Fertigungsvorbereitung für eine Distanzscheibe

Bei der Arbeitsplanung werden wichtige Weichen gestellt. Hier entscheidet sich bereits, ob die Fertigung ein Erfolg sein kann. Deshalb ist besondere Sorgfalt notwendig. Es wird festgelegt, in welchen Bearbeitungsschritten das Werkstück entstehen soll (Technologie), welche Spann-, Fertigungs-, und Hilfsmittel verwendet werden sollen und wie viel Zeit dafür benötigt wird. Das Ausgangsmaterial wird oft vom Entwickler oder dem Kunden vorgegeben.

Das Rohteil für das zu fertigende Ersatzteil (Bild) einer Werkzeugmaschine wurde von einem Rundstab EN 10060 – 160 F Stahl EN 100025-S235JR auf eine Länge von 20 mm abgesägt.

23. Informieren Sie sich mit dem Tabellenbuch, was unter „Fertigerzeugnisse aus Stahl" zu verstehen ist. Notieren Sie fünf Beispiele, welche Formen handelsüblich sind. Werden diese wirklich im fertigen Zustand angeliefert?

24. Was bedeutet: Rundstab EN 10060 – 160 F Stahl EN 10025-S235JR?

25. Warum wurde das Ihnen übergebene Teil nicht von dem ebenso lieferbaren Rundstahl mit Durchmesser 150 oder 155 abgesägt?

26. Das Rohteil für die Distanzscheibe soll auf Ø 150 x 15 abgedreht werden. Die Maße des inneren Absatzes sollen Ø 100 x 17 und die Bohrung Ø 40 betragen. Die vier äußeren Bohrungen haben einen Durchmesser von je 10 mm. Erstellen Sie einen Arbeitsplan.

Arbeitsplan Auftragsnummer:		Bearbeiter: Datum:		
Benennung: Distanzscheibe Werkstoff: S235JR Abmessung: Ø 150 ±0,3 · 15		Losgröße: Gewicht/Teil: Termin:	1 2,5 kg sofort	
Arb.-gang	Arbeitsvorgang	Werkzeug	Spannmittel	WZM
10				
20				
30				
40				
50				
60				
70				
80				
90				
100				

LS 5.3 Vorüberlegungen und Fertigungsvorbereitung für eine Distanzscheibe

Für die Drehbearbeitung müssen nun die Fertigungsparameter festgelegt werden.

27. Ermitteln Sie Schnittgeschwindigkeit v_c, Vorschub f und die Drehzahl n für den Arbeitsgang (AG) Bohren Ø 20. Tragen Sie die Lösungen in die Tabelle unten ein.

28. Ermitteln Sie Schnitttiefe a_p, Vorschub f, Schnittgeschwindigkeit v_c und Drehzahl n für die weiteren Arbeitsgänge ihres Arbeitsplanes. Sie benötigen dazu folgende Werte:

Schneidenradius: $r_\varepsilon = 0{,}4$ mm
Gemittelte Rautiefe der Planseiten: $R_z = 6{,}3$ µm
Gemittelte Rautiefe der Umfangsfläche: $R_z = 25$ µm
Schnittgeschwindigkeit Querplandrehen: $v_c = 220$ m/min

Schnittgeschwindigkeit Längsrunddrehen: $v_c = 120$ m/min
Schnittgeschwindigkeit Bohren HS-Bohrer: Wert nach Tabellenbuch
Tragen Sie die Lösungen in die Tabelle unten ein.

AG	Vorschub	Schnitttiefe	Schnittgeschwindigkeit	Drehzahl

Auswahl des Schneidstoffs

Zum Bearbeiten des Werkstoffes S 235 SR muss der passende Schneidstoff gefunden werden. Schneidstoffe sind in großer Vielfalt erhältlich. Hinzu kommt, dass ständig eine neue Kombination der Bestandteile zu veränderten Eigenschaften wie Zähigkeit und Härte führen. Verbesserte Eigenschaften erhöhen meist den Preis, sind aber nicht immer für die jeweilige Zerspanungsarbeit notwendig.

Wendeschneidplatten

Schneidstoffe werden nach DIN ISO 513 nach Schneidstoffgruppen eingeteilt.

29. Legen Sie sich eine Übersicht über die Schneidstoffe nach DIN ISO 513 und Werkzeugstähle nach DIN EN ISO 4957 (2001-02) an. Notieren Sie die Kurzbezeichnung sowie die wichtigsten Eigenschaften und Einsatzgebiete.

30. Überlegen Sie sich typische Einsatzgebiete in Ihrem Ausbildungsbetrieb. Welche Schneidstoffe werden dort überwiegend verwendet? Stellen Sie Ihre Ergebnisse vor.

LS 5.3 Vorüberlegungen und Fertigungsvorbereitung für eine Distanzscheibe

Wendeschneidplatten werden in vielen verschiedenen aber genormten geometrischen Formen, Größen und unterschiedlichen Befestigungssystemen angeboten. Um einen besseren Überblick zu erhalten und Verwechslungen zu vermeiden, sind alle Merkmale von Wendeschneidplatten genormt und werden durch Buchstaben und Zahlen gekennzeichnet.

Informieren Sie sich mit Ihrem Tabellenbuch über die Bezeichnung von Wendeschneidplatten aus Hartmetall.

31. Was besagt die Bezeichnung einer Wendeschneidplatte **CDGH 11 03 04 ED F**?

Zur wirtschaftlichen und qualitätsgerechten Bearbeitung verschiedener Werkstoffe spielt nicht nur der Schneidstoff, sondern auch die Schneidengeometrie, also Formen und Winkel, eine entscheidende Rolle. So kann beispielsweise mit einer speziell geformten Schneidenecke das Schlichtergebnis stark verbessert werden. Für Schruppbearbeitung hingegen ist diese Schneidengeometrie nicht geeignet.

32. Benennen Sie die gekennzeichneten Flächen, Winkel, Schneiden und Fasen.

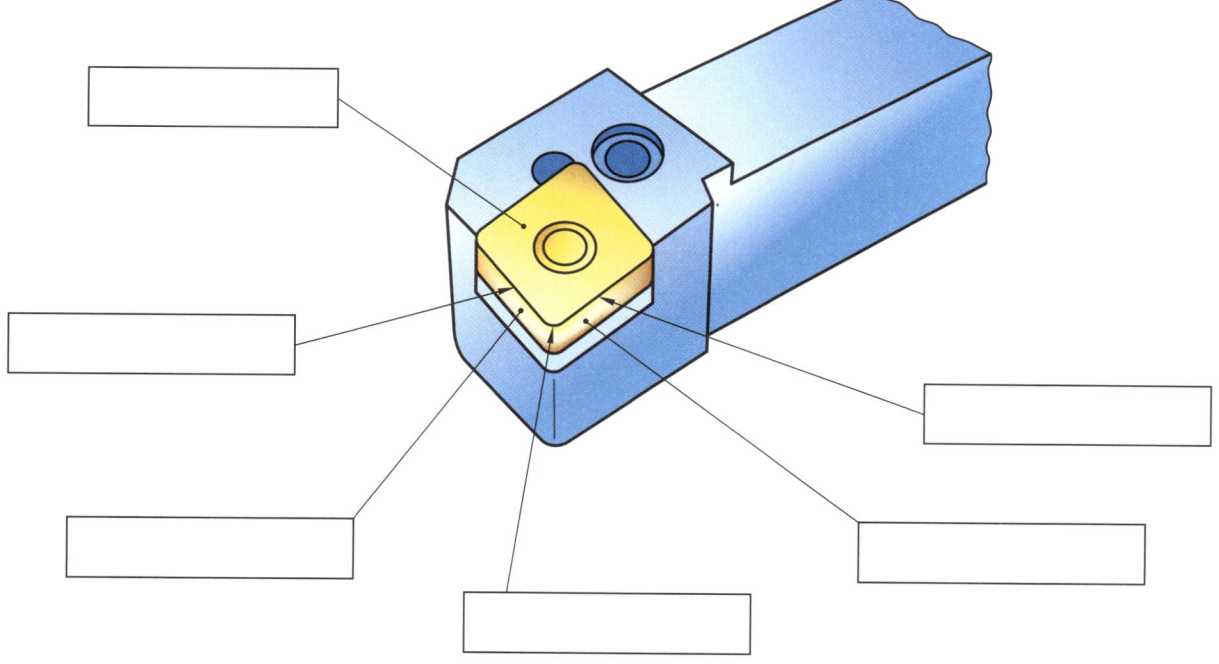

Flächen, Schneiden und Schneidecken am Drehmeißel

LS 5.3 Vorüberlegungen und Fertigungsvorbereitung für eine Distanzscheibe

Durchführen

Während der Bearbeitung des Werkstückes, treten ungewollte Zustände auf. Ungewollt sind z. B.:
- ungünstige Spanentwicklung
- hoher Verschleiß des Werkzeuges
- Rattern oder Schwingungen
- zu große Wärmeentwicklung an Werkstück und Werkzeugschneide

Diese Entwicklungen lassen sich oft verbessern, indem Schneidplatten oder Werkzeuge mit veränderter Geometrie eingesetzt werden.

Sie haben sich bei der Drehbearbeitung für die Wendeschneidplatte **CDGH 11 03 ED F** entschieden und stellen einen sehr schnellen Verschleiß der Hauptschneide fest.

33. Beschreiben Sie, zwischen welchen Flächen sich jeweils der Spanwinkel, Keilwinkel, Freiwinkel, Neigungswinkel, Einstellwinkel und Eckenwinkel befindet. Vergleichen Sie Ihre Ergebnisse.

34. Informieren Sie sich und beschreiben Sie, was bei der Spanbildung im Mikrobereich des Werkstoffs auf Gitterebene geschieht. Notieren Sie Ihre Ergebnisse?

35. Welchen Winkel würden Sie an der Wendeschneidplatte **CDGH 11 03 ED F** ändern, um einen geringeren Schneidkantenverschleiß zu erzeugen?

36. Wie lautet die Bezeichnung der alternativen Wendeschneidplatte?

37. An welcher Stelle des Werkzeuges treten die höchsten Temperaturen auf. Womit könnten die großen Temperaturunterschiede am Werkzeug zusammenhängen?

Wärmeentwicklung an der Drehmeißelschneide

38. Skizzieren Sie Spanarten, die Ihnen aus Ihrer bisherigen Berufspraxis bekannt sind. Benennen Sie Ihre Skizzen und ergänzen Sie diese um die fehlenden Spanarten, die in der Metalltechnik beobachtet werden können. Benutzen Sie dazu Ihr Lehrbuch.

39. Welche Spanformen sollten angestrebt werden und warum sind sie erwünscht?

LS 5.3 Vorüberlegungen und Fertigungsvorbereitung für eine Distanzscheibe

Verschleiß und Standzeit

Nach einer gewissen Bearbeitungszeit mit einem Werkzeug sind Veränderungen bei der Oberflächengüte, der Maßhaltigkeit, der Geräuschentwicklung oder der Spanbildung zu beobachten. Ehemals optimale Schnittbedingungen können plötzlich nicht mehr eingestellt werden. Grund ist häufig der Verschleiß des Werkzeuges.

40. Notieren Sie in Stichpunkten, welche Verschleißursachen auf die Werkzeugschneide wirken?

41. Wie lässt sich Verschleiß vermeiden?

42. Unter welchen Bedingungen kann eine Werkzeugschneide ausbrechen?

43. Alle spanenden Werkzeuge werden mit Angaben über die Standzeit (z. B. T_{15}) geliefert. Was bedeutet diese Angabe, wovon ist sie abhängig und wie wird sie ermittelt?

44. Welche Aussagen können Sie nach Auswertung der Standzeitdiagramme treffen?

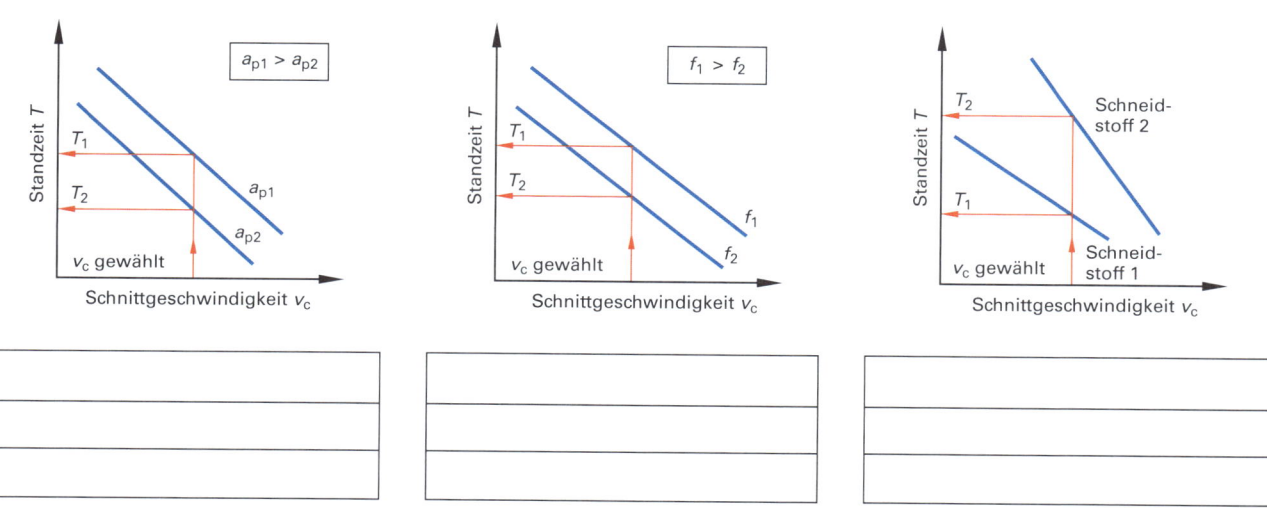

Werkstückspannung

Das zu fertigende Werkstück wird nach Arbeitsplan im Dreibackenfutter gespannt. Bei diesem Werkstück und der Spanntechnologie muss darauf geachtet werden, dass die Spannkräfte ausreichend groß sind um das Werkstück fest zu spannen. Trotz der enormen Zerspankräfte, die sich in der Maschinenleistung widerspiegeln, darf sich das Werkstück während der Bearbeitung nicht verschieben oder gar lösen.
Beim Spannen besonders weicher Werkstoffe, wie Messing, Aluminium und Kunststoffen oder dünnwandiger Werkstücke (z. B. Rohre), können bei zu großen Spannkräften Probleme auftreten.

45. Beschreiben Sie, was passieren kann, wenn die Spannkräfte zu groß gewählt werden:

Weiche Werkstoffe	
Dünnwandige Werkstücke	

Spannkräfte lassen sich prinzipiell auch berechnen. Dazu werden verschiedene, zum Teil komplizierte Berechnungsmodelle verwendet. Eindeutige Berechnungen sind schwierig, da sehr viele Einflüsse zu beachten sind, die sich von Werkstück zu Werkstück wiederum ändern können. Bei der Serien- und Massenfertigung von problematischen Werkstücken und insbesondere bei automatischen Spannvorgängen lohnt sich die Berechnung der Mindestspannkraft.

Im Alltag des Zerspanungsmechanikers sind dazu eher Erfahrungswerte und ein gefühlvoller Umgang mit dem Spannmittel gefragt.

Beurteilen

Die Distanzscheibe ist fertiggestellt. Ihre Aufgabe ist es zu prüfen, ob alle Maße den Vorgaben entsprechen.

46. Welche Prüfmittel benötigen Sie um die Maßhaltigkeit festzustellen? Ergänzen Sie den Prüfplan (unten). Es gilt die Toleranzklasse mittel.

Prüfplan				
Sachnummer:	**Benennung** *Distanzscheibe*	**Losgröße** *1*	**Bearbeiter** BNO..................	
Nr.	Merkmal	Nennmaß	Unteres Abmaß in mm	Oberes Abmaß in mm	Prüfmittel
1	Durchmesser	40 mm			
2	Durchmesser	100 mm			
3	Durchmesser	150 mm			
4	Rauheit Durchmesser	R_z 25			
5	Rauheit Planfläche 1	R_z 6,3			
6	Rauheit Planfläche 2	R_z 6,3			
7	Breite b_1	15 mm			
8	Breite b_2	17 mm			

LS 5.3 Vorüberlegungen und Fertigungsvorbereitung für eine Distanzscheibe

Planen

Ein Mitarbeiter hat die im Prüfprotokoll (unten) eingetragenen Werte ermittelt.

47. Entscheiden Sie, ob das Werkstück die geforderten Maße erreicht oder ob Nacharbeit notwendig ist.

Prüfprotokoll											
Auftrag Nr.: *001*											
Benennung: *Distanzscheibe*							Ident-Nr.:				
Prüfer: *OPW*							Datum: *23.10.2009*				
Teil Nr:	Prüfmerkmal								Gut	Nach-arbeit	Aus-schuss
	Maß	Maß	Maß	Maß	Maß	R_z	R_z 1	R_z 2			
	Ø 150	Ø 100	Ø 40	b_1 15	b_2 17	25	6,3	6,3			
1	150,4	99,7	40,3	15,03	16,99	ok	ok	ok			
2											
3											

48. Formulieren Sie das Resultat. Muss etwas unternommen werden? Wenn ja – was?

LS 5.4 Arbeitsmittel und Fertigungsparameter beim Schleifen

Betrieblicher Arbeitsauftrag *Production work order*

Die VEL GmbH möchte Ihr Geschäftsfeld erweitern und plant Lohnarbeiten für die schlecht ausgelasteten Schleifmaschinen zu übernehmen. Sie werden beauftragt eine Liste zu erstellen, welche Teilegruppen prinzipiell mit dem vorhandenen Maschinenpark bearbeitet werden können.

Lernsituation 5.4 Arbeitsmittel und Fertigungsparameter beim Schleifen
Grinding work equipment and production parameters

Analysieren

1. Schleifverfahren werden nach DIN 8589 Teil 11 (1984-01) eingeteilt. Erstellen Sie eine tabellarische Aufstellung über die Systematik von Schleifverfahren mit rotierendem Werkzeug und benennen Sie die Gliederungspunkte mit je zwei Beispielen.

2. Beschreiben Sie, wie beim Schleifen der Werkstoffabtrag funktioniert!

Untersuchen Sie Ihren Betrieb oder die Lehrwerkstatt der Schule systematisch auf seine Maschinenausstattung. Nehmen Sie dabei in einer Liste alle Schleifmaschinen auf. Notieren Sie dazu alle Informationen, die Sie bekommen können. Wenn Sie keine Schleifmaschinen finden können, suchen Sie im Internet in Gebrauchtmaschinenbörsen oder bei Herstellern. Beschaffen Sie Datenblätter einer Außenrundschleifmaschine und einer Planschleifmaschine.

3. Treffen Sie eine Vorauswahl, und legen Sie Werkstückgruppen fest, die prinzipiell mit Maschinen dieser Art gefertigt werden können.

Planen

Verschiedene Werkstoffe müssen mit verschiedenen Schleifmitteln bearbeitet werden. Ihr Betrieb verfügt überwiegend über Schleifkörper mit der Aufschrift A 180 und D 90.

4. Informieren Sie sich über gängige Schleifmittel. Notieren Sie, was die Aufschrift A 180 und D 90 bedeutet?

5. Was bedeutet die Bezeichnung DIN 69120-1-B 400 x 70 x 305 C 60 H 8 V – 50?

Durchführen

Während Ihrer Recherchen sind Ihnen einige offensichtlich sehr alte, aber unbenutzte Schleifscheiben aufgefallen.

6. Untersuchen Sie, durch welche ungünstigen Lagerbedingungen Schleifscheiben unbrauchbar werden können.

7. Beschreiben Sie, wie es möglich ist, Schleifscheiben auf Verwendbarkeit zu prüfen.

8. Eine der Maschinen hat eine Antriebsleistung von 5,5 kW. Ermitteln Sie die maximale Schnittleistung bei einem Wirkungsgrad von 80 %.

Beurteilen

9. Fassen Sie Ihre Ergebnisse zu den Produktionsmöglichkeiten mit den vorhandenen Schleifmaschinen in einem kurzen Dokument zusammen. Belegen Sie Ihre Aussagen mit Fakten wie Schleiflänge, Einspannlänge, Leistung oder Umlaufdurchmesser sowie weiteren Kenngrößen.

LS 6.1 Warten einer Drehmaschine

LF 6 Warten und Inspizieren von Werkzeugmaschinen
Maintenance and inspection of lathes

Betrieblicher Arbeitsauftrag *Production work order*

In der VEL Mechanik GmbH werden unter anderem CNC-Drehmaschinen eingesetzt. Sie bekommen vom Produktionsleiter in der 10. KW die Verantwortung für eine CNC-Drehmaschine, die vor einem Monat aufgebaut wurde. Inzwischen wurden die komplette Maschinenabnahme und die Maschinenfähigkeitsuntersuchung für die laufende Produktion erfolgreich abgeschlossen.

Sie erhalten zunächst den Auftrag, einen Wartungsplan für die kommenden 4 Wochen zu erstellen. Als Basisinformation teilt Ihnen der Produktionsleiter mit, dass die Maschine pro Schicht ca. zu 75 % ausgelastet ist. Ihre Firma arbeitet im Zweischichtbetrieb von Montag bis Freitag und am Samstag findet eine Schicht statt.

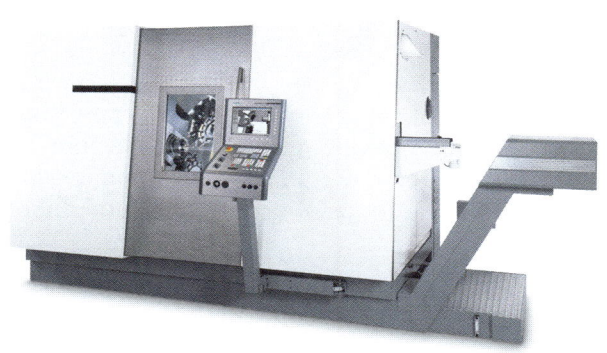

Lernsituation 6.1 Warten einer Drehmaschine *Maintenance a lathe*

Analysieren

Der Facharbeiter ermittelt zunächst alle Informationen zur Maschine und zu den konkreten betrieblichen Gegebenheiten. Die wichtigste Quelle ist die Betriebsanleitung der Maschine. Hier informiert sich der Facharbeiter über die Tätigkeiten, die vor Arbeitsbeginn, nach Arbeitsende und beim Erreichen bestimmter Betriebsstunden durchzuführen sind.

- Leckagenprüfung
- Maschinenleuchte reinigen.

Späneauffangbehälter leeren

Schalten Sie den Späneförderer aus.

Das Entfernen der Späne darf nicht mit den Händen erfolgen. Der Späneauffangbehälter ist ordnungsgemäß wieder unter den Auswurfschacht des Späneförderers zu stellen.

- Spannmittel auf Beschädigung kontrollieren.
- Sicherheitsscheibe reinigen

Keine Druckluft verwenden!

Führungsschienen Schmieren

Um die Funktion von Dichtungen, Abstreifer und Abdeckbändern aufrechtzuerhalten, muss ein **Reinigungshub** über den gesamten Hub durchgeführt werden.

Zeitintervall: mindestens alle 8 Stunden und vor dem Abschalten der Maschine

Pneumatikdruck prüfen

- Kontrollieren Sie den Pneumatikdruck am Manometer. Es ist ein Betriebsdruck von 4-8 bar, Luftqualität nach ISO 8573.1 erforderlich
- Bedienelemente auf der Bedientafel auf Beschädigung kontrollieren.

Setzen Sie nach längeren Stillstandzeiten (länger als 2 Tage) vor dem Verfahren der Achsen mit M 49 zusätzliche Schmierimpulse.

- Fußtaster und Kabel auf Beschädigung kontrollieren.
- Abdeckbleche und Abstreifer im Arbeitsraum auf Beschädigung kontrollieren.
- Öl Füllstand am Hydraulikaggregat prüfen
  Achten Sie darauf, dass der Ölstand am Schauglas im oberen Drittel steht.
- Kühlschmiermittel Füllstand am Späneförderer/Kühlmittelanlage prüfen
  Kontrollieren Sie am Späneförderer das Schauglas für den Stand des Kühlschmiermittels. Das Schauglas muss bis zur oberen Markierung gefüllt sein.

Maschine Reinigen

Vorraussetzung
- Schutzhaube öffnen.
- Hauptschalter ausschalten und gegen Einschalten sichern.

Arbeitsablauf
- Reinigen Sie nach jeder Schicht den Arbeitsraum mit geeigneten Hilfsmitteln (Handfeger usw.).

- Öl Füllstand am Frischölschmieraggregat prüfen
  Das Öl muss über der schwarzen Markierung stehen

- Sicherheitsscheibe der Schutzhaube auf Beschädigung kontrollieren.

Auszug aus der Wartungsanleitung

1. Ordnen Sie nach der folgenden Vorgabe tabellarisch die Tätigkeiten.

vor Arbeitsbeginn	nach Arbeitsende

Planen

Aus der Betriebsanleitung, bei modernen Werkzeugmaschinen auch aus dem Bildschirmdialog oder Anweisungen, die direkt vom Hersteller durch Netzwerkservice online übertragen werden, entnimmt der Facharbeiter die durchzuführenden Wartungsmaßnahmen, die Zeitintervalle, die vorgesehenen Betriebsmittel und gleicht diese mit den konkreten betrieblichen Bedingungen ab.

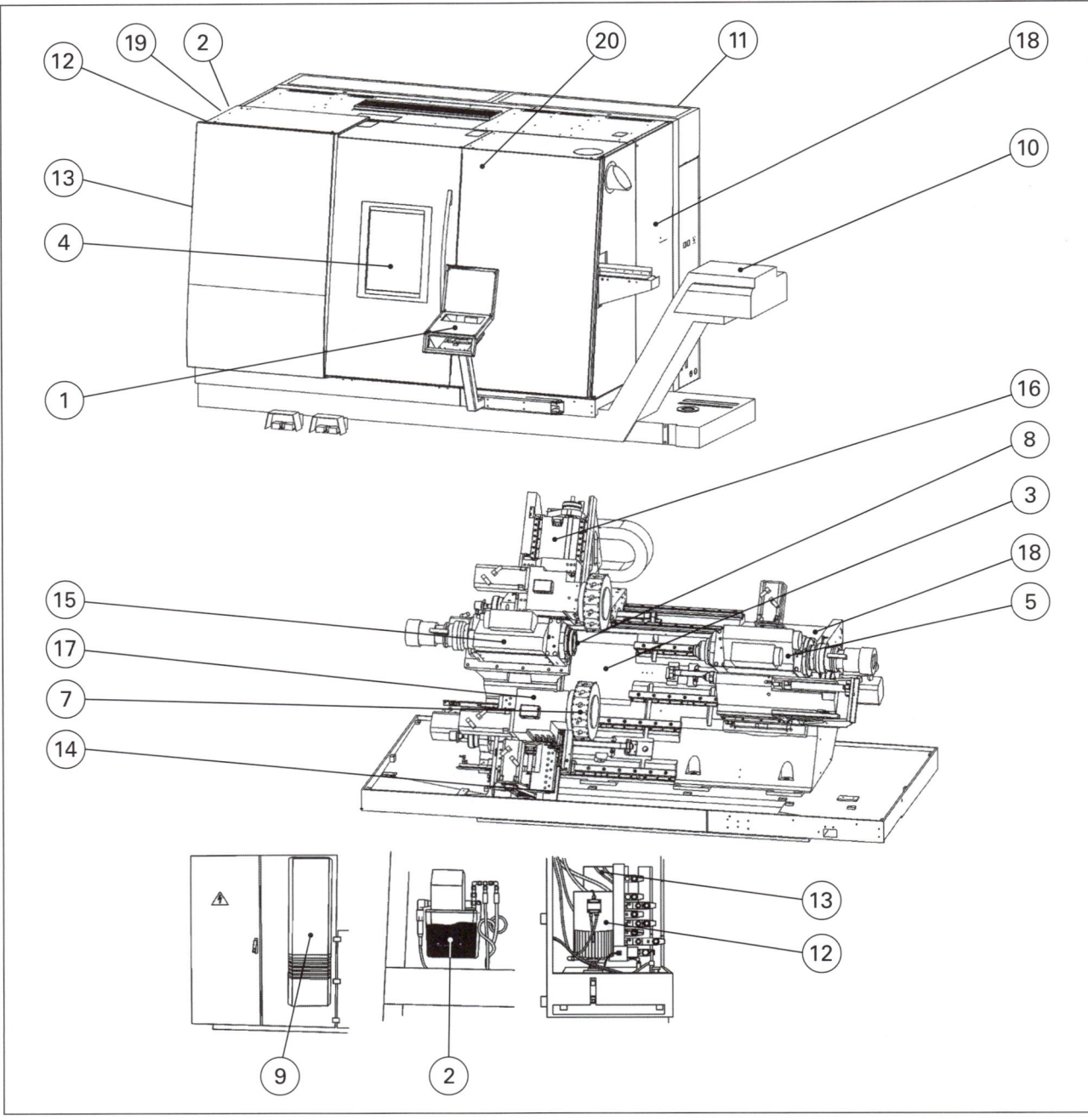

Wartungsstellen an der CNC-Drehmaschine (Auswahl)

LS 6.1 Warten einer Drehmaschine

Der Facharbeiter entwickelt für die Maschine einen Wartungsplan, in dem er die durchzuführenden Tätigkeiten an die entsprechenden Einsatzzeiten anpasst. Im Wartungsplan werden alle notwendigen Arbeitsgänge beschrieben und gegebenenfalls erforderliche Werkzeuge, Hilfs- und Prüfmittel sowie die Betriebsmittel festgelegt.

2. Ermitteln Sie die tägliche und wöchentliche Einsatzzeit der Maschine.

Auszug aus dem Wartungsplan

Position	Nr.	Wartungstätigkeit	Bemerkungen	Intervall
Bedienpult	1	Reinigen	Keine Druckluft verwenden Keine scharfen Reinigungsmittel verwenden	50 h
Gesamte Maschine		Reinigen	Keine Druckluft verwenden Blanke Maschinenteile einfetten	50 h
Sichtscheiben	4	Reinigen	Seifenwasser oder Haushaltsmittel ohne Salmiakzusatz	50 h
Schmieraggregat	2	Füllstand prüfen und bei Bedarf nachfüllen	Fließfett ISO 3498 LXCDHB000 DIN 51826 GP000 N-30	50 h
Hydraulikanlage	12	Füllstand prüfen und bei Bedarf nachfüllen	Hydrauliköl ISO51524 – 2 HLP D32	50 h
Späneförderer	10	Reinigen, Kühlschmiermittel-Füllstand am Schauglas prüfen, Konzentration, pH-Wert, Bakterien und Pilzbefall prüfen, bei Bedarf Kühlschmiermittel nachfüllen	z. B. Aral Sarol Reihe Castro Synitol R Fuchs Ratak Resist 68 CF Mobil Mobilmet 151/221	50 h
Späneförderer	10	Vorkammerfilter wechseln	I-NR. 1080301	50 h
Arbeitsraum	3	Reinigen	Abdeckungen reinigen und ölen, Führungsbahnen schützen	50 h
Spannmittel	8	Reinigen und Schmieren, Abholeinrichtung reinigen	Schmierfett ISO 3498 L-X BCH B2 DIN 51825 KP2K-20	50 h
Not Aus-Taster	1	Kontrollieren, Funktion prüfen		250 h
Fußtaster	6	Kontrollieren		250 h
Schutzhaube	4	Verriegelung und Funktion kontrollieren	bei „Hauptschalter aus" und bei laufender Spindel	250 h
Schutzhaubensicherheitsschalter	20	Funktion überprüfen		250 h
Hauptspindel und Gegenspindel	19	Filtermatte reinigen bzw. wechseln	Betrieb ohne Filtermatte nicht zulässig	250 h
Kühlaggregat Schaltschrank	9	Filtermatte wechseln	Betrieb ohne Filtermatte nicht zulässig	250 h
Ölabscheider		Filter reinigen, Filtermatten überprüfen, reinigen bzw. wechseln	Alugestrick Vorfilter 1053258 Filtermatten 1053259	250 h

Die Wartungsintervalle liegen laut Hersteller bei 50, 250, 500 und 2000 Stunden.

Um einen störungsfreien Fertigungsablauf zu gewährleisten ist der bestmögliche Zustand der Maschine anzustreben, daher erfolgt die geplante Wartung nach 50 Stunden bereits zum Schichtende der Schicht, bei der ca. 48 Betriebsstunden erreicht sind.

3. Erstellen Sie einen vollständigen Wartungsplan für die 10. bis 13. Kalenderwoche. Beachten Sie dabei die folgenden Bedingungen.
Zu den Wartungstätigkeiten nach dem festgelegten Wochenplan kommt die tägliche Wartung (TW) vor Schichtbeginn der Frühschicht und zum Schichtende der Spätschicht hinzu. Hierfür sind in den beiden Schichten je 20 Minuten Arbeitszeit einzuplanen.

KW	Montag	Dienstag	Mittwoch	Donnerstag	Freitag	Sonnabend
10						
11						
12						
13						

Durchführen

Durch die Geschäftsführung des Unternehmens ist zu gewährleisten, dass die notwendigen Betriebsmittel sowie erforderliche Werkzeuge, Hilfs- und Prüfmittel zur Verfügung stehen. Die Organisation hierfür liegt entweder bei der betriebsinternen Instandhaltungsabteilung oder ist im Qualitätsmanagement-Handbuch festgelegt.

Der Maschinenbediener führt bei Schichtbeginn die vor Arbeitsbeginn vorgeschriebenen Kontrollen durch und überzeugt sich somit vom einwandfreien Zustand der Maschine. Dabei ist zu empfehlen, dass am Montag nach der Stillstandszeit von mehr als 36 Stunden ein zusätzlicher Schmierimpuls ausgelöst wird, obwohl der Hersteller dies erst nach 48 Stunden vorschreibt.

Am Ende der Spätschicht werden die vorgeschriebenen Reinigungs- und Schmierarbeiten durchgeführt. Falls dabei Verschleißteile auszutauschen sind, ist der Tausch zu dokumentieren und aufgrund der betriebsinternen Regelungen für Ersatz zu sorgen.

Bei Erreichen der entsprechenden Wartungsintervalle sind die vorgeschriebenen Wartungstätigkeiten lückenlos durchzuführen.

Auszutauschende Schmiermittel sowie verbrauchte Hilfsstoffe müssen unter Beachtung des Abfallentsorgungsgesetzes sowie der betrieblichen Vorschriften entsorgt werden.

4. Erarbeiten Sie mithilfe des Lehrbuchs, des bisher Gelernten und weiterer Quellen die elementaren Regeln zum Umgang mit Kühlschmierstoffen.

technische Maßnahmen	persönliche Schutzmaßnahmen

LS 6.1 Warten einer Drehmaschine

Der Umgang mit **Schmiermitteln (SM)** und **Kühlschmierstoffen (KSS)** erfordert besonderes Augenmerk.

SM und KSS dürfen sich in ihrer Funktion nicht beeinträchtigen. Sie müssen sich neutral zueinander verhalten. Bei unterschiedlichen Bezugsquellen ist es erfahrungsgemäß ratsam, sich die Verträglichkeit des SM gegenüber dem KSS vom Lieferanten bestätigen zu lassen.

Bei Wechsel des Herstellers der Schmierfettsorte ist der Schmierbehälter vorher zu reinigen, da es sonst zu einer nicht sauberen Vermischung der Schmierfettsorten kommen kann. Die Maschinenhersteller führen meist ein Verzeichnis der empfohlenen SM und KSS – auch in abgestimmten Kombinationen – die für die speziellen Eigenschaften der Werkzeugmaschine ausgelegt sind. Bei Verwendung ungeeigneter SM wird in der Regel keine Gewährleistung für Schäden an der Maschine durch den Hersteller übernommen. Zu beachten sind festgelegte Mischungsverhältnisse, deren Nichtbeachtung die gewünschten Effekte verhindert.

Beispiele hierfür sind:
- Mischung zu dünn – Maschinenführungen und Werkstücke oxydieren
- Mischung zu dick – mangelnde Kühlwirkung

Weiterhin sind der geforderte ph-Wert und die Wasserhärten zu beachten.

 Öle, Schmier- und Kühlschmierstoffe
Bedingt durch ihre Inhaltsstoffe (Additive) sind diese Stoffe eine mögliche Gefahr für Gesundheit und Umwelt.

Auswahl und Verwendung liegt ausschließlich in der Hand des Betreibers. In einer vom Betreiber aufzustellenden Betriebsanweisung, die den Umgang mit diesen Stoffen regelt, sollten enthalten sein:
- Bezeichnung der Stoffe
- Benennung der Gefahren für Mensch und Umwelt
- Schutzmaßnahmen und Verhaltensregeln, z. B.
  - Schutzhandschuhe aus beständigem Kunststoff tragen
  - Kontakt mit Haut und Augen vermeiden
  - Dämpfe und Nebel nicht einatmen
  - Feuer, offenes Licht und Rauchen sind verboten

Bitte klären Sie rechtzeitig, wo und wie Sie die verbrauchten Schmierstoffe und Kühlschmierstoffe umweltgerecht entsorgen können.

Während des Drehvorganges können Schmiermitteldämpfe entstehen. Zur Absaugung bietet der Hersteller Ölnebelabscheider an.

 Bei Kühlschmierstoffen mit einem Ölnebel von 15% und höher oder brennbaren Kühlschmierstoffen in Verbindung mit luftdichtem, allseits geschlossenem Arbeitsraum besteht **Brand- und Explosionsgefahr**.

 Bezüglich vorbeugender Maßnahmen setzen Sie sich bitte mit dem Hersteller in Verbindung.

Auszug aus der Betriebsanleitung – Sicherheitsbestimmungen beim Umgang mit SM und KSS

Bei der Verwertung von gebrauchten KSS besteht das sogenannte **Vermischungsverbot**.

5. Erklären Sie den Begriff Vermischungsverbot.

_____

_____

_____

_____

_____

Beurteilen

Alle Wartungstätigkeiten an der Werkzeugmaschine werden dokumentiert und archiviert. Auf diese Weise existiert ein Nachweis über die pflichtgemäße Wartung nach den vorgegebenen Intervallen; darüber hinaus entsteht ein lückenloses „Logbuch" der Maschine, das die wichtigen Basisinformationen für die Planung der vorbeugenden Instandhaltung enthält. Zudem ist die Dokumentation und Archivierung der Daten in vielen Qualitätsmanagementsystemen vorgeschrieben.

Nach Abschluss der Wartungstätigkeiten ist gegebenenfalls die Maschinenuhr zurückzustellen. Aus der Auswertung der Dokumentation ergibt sich, welche Betriebs- und Verbrauchsmittel in welchem Umfang nachbestellt werden müssen.

Pos.	Tätigkeit	Wertvorgabe		Ergebnis		Datum / Bemerkung
		Soll	Ist	i.O.	n.i.O.	
1	Sichtkontrolle der Maschine • Zustand des Bedienpultes • Zustand der Sichtfenster • Funktionskontrolle Not-Aus-Taster			x x x		
2	Füllstand Schmieraggregat	1,8 l	1,2 l		x	08.03. 0,6 l Fließfett aufgefüllt (Unterschrift)
3	Arbeitsraum • Sichtkontrolle Abstreifer (bei Beschädigung wechseln) • Abdeckungen reinigen und ölen			x x		
4	Schutzhaube • Funktionskontrolle			x		
5	Gegenspindel • axiales und radiales Spiel überprüfen					*Durchführung nur durch autorisiertes Fachpersonal*
6	Fußtaster • Funktionskontrolle			x		
8	Spannmittel • Sichtkontrolle • reinigen und schmieren			x x		
9	Kühlaggregat • Filtermatte wechseln			x		*29.03. Filtermatte gewechselt (Unterschrift)*
10	Späneförderer • Vorkammerfilter wechseln			x		*08.03. Filter gewechselt (Unterschrift)*
12	Füllstand Hydraulikanlage	20 l	18 l		x	*24.03. 2 l Hydrauliköl aufgefüllt (Unterschrift)*
19	Hauptspindel / Gegenspindel • Sichtkontrolle • Filtermatte reinigen bzw. wechseln			x x		*29.03. Filtermatte gewechselt (Unterschrift)*
20	Schutzhaubensicherheitsschalter • Funktionskontrolle			x		

6. Begründen Sie, warum die einzelnen Wartungstätigkeiten dokumentiert und archiviert werden müssen.

LS 6.2 Warten einer Fräsmaschine

Betrieblicher Arbeitsauftrag *Production work order*

In der VEL GmbH werden auch CNC-Fräsmaschinen eingesetzt. Ihnen wird eine solche Maschine übergeben, da Sie im folgenden halben Jahr zusammen mit zwei weiteren Kollegen die Serienfertigung einer Antriebswelle mit einer Losgröße von 50.000 Stück durchführen sollen. In Ihren Verantwortungsbereich fallen die Organisation, Überwachung und Dokumentation der Instandhaltung der Maschine. Von der Geschäftsleitung werden Sie darauf hingewiesen, dass die höchstmögliche Verfügbarkeit der Maschine für die Erfüllung des Fertigungsauftrages notwendig ist.

Lernsituation 6.2 Warten einer Fräsmaschine *Maintenance a milling machine*

Analysieren

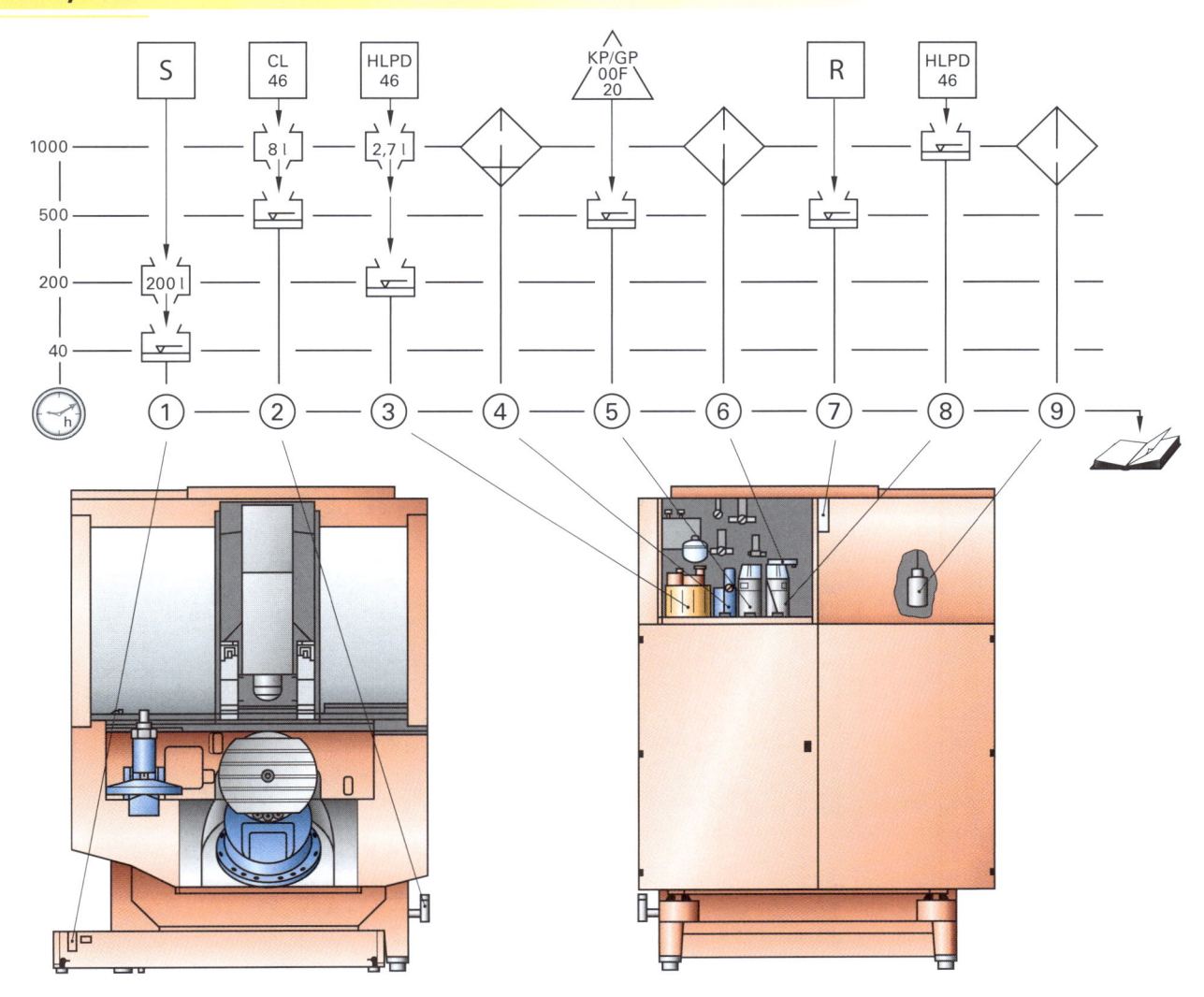

Postition 1 Kühlschmierstoffbehälter	Postition 4 Pneumatik für Spindelschmierung
Postition 2 Schwenkachse Füllstandanzeige	Postition 5 Zentralschmieraggregat
Postition 3 Hydraulikaggregat	Postition 6 Filter für Spindelschmierung

Postition 7 Kühlaggregat
Postition 8 Schmieraggregat Spindel
Postition 9 Schwenkachse Filter

Schmierplan

LS 6.2 Warten einer Fräsmaschine

1. Analysieren Sie den Schmierplan und entwickeln Sie eine Schmiervorschrift in tabellarischer Form nach folgendem Beispiel.

Intervall	Position	Eingriffsstelle	Tätigkeit	Bemerkungen
40 Stunden	1	Kühlschmierstoffbehälter	Füllstand kontrollieren und bis auf Niveau nachfüllen	auf richtige Mischung achten, nur eine Sorte verwenden

2. Erläutern Sie die Bezeichnungen der eingesetzten Schmiermittel.

Planen

3. Im Lager steht ein Schmieröl CGP 68 zur Verfügung. Welche Unterschiede bestehen im Vergleich zum empfohlenen CL 46 auf? Können Sie auch dieses Schmieröl verwenden?

4. Stellen Sie einen Wartungszeitplan für die kommenden 6 Wochen auf. Die Fräsmaschine ist inklusive Wochenende täglich im Dreischichtbetrieb im Einsatz und wird zu 75 % ausgelastet! Beginn Ihrer Verantwortlichkeit für die Maschine ist der Montag der kommenden Woche.

5. Beschreiben Sie den Begriff Verfügbarkeit und erläutern Sie, durch welche Maßnahmen die Verfügbarkeit dieser Werkzeugmaschine erhöht werden kann.

6. Welche Faktoren beeinflussen die Zuverlässigkeit einer Maschine?

LS 6.2 Warten einer Fräsmaschine 39

Durchführen

7. Begründen Sie, warum Schmierstellen vor dem Schmieren zu reinigen sind.

Vorbereitung der Wartung

8. In der Bedienungsanleitung des Herstellers ist die Reinigung der Maschine mit Druckluft ausdrücklich untersagt. Begründen Sie diese Festlegung.

9. Welche Wartungsmaßnahmen an der Fräsmaschine dienen dem Korrosionsschutz? Unterscheiden Sie dabei zwischen aktivem und passivem Korrosionsschutz.

10. Bei der Kontrolle der Dokumentationen der Instandhaltungstätigkeiten stellen Sie fest, dass in den letzten 3 Wochen am Hydraulikaggregat – Position 3 deutlich mehr Hydrauliköl nachgefüllt werden musste als vorher. Wie reagieren sie auf diesen Sachverhalt?

LS 6.2 Warten einer Fräsmaschine

Beurteilen

11. Die gewechselten Kühlschmierstoffe und Schmiermittel müssen nach der Wartung entsorgt werden! Wo erhalten Sie Hinweise über die korrekte Entsorgung? Beschreiben Sie die Maßnahmen zur ordnungsgemäßen Entsorgung der KSS und SM.

Sichtscheiben

Die Sichtscheiben zum Arbeitsraum sind Elemente der trennenden Schutzeinrichtung. Sie sollen eine gute Sicht auf den Fertigungsprozess gewährleisten und gleichzeitig Schutz vor den Spänen und dem Kühlschmierstoff bieten.
Sichtscheiben sind grundsätzlich vor Arbeitsbeginn einer Sichtkontrolle zu unterziehen.
Beschädigte Sichtscheiben müssen sofort ausgetauscht werden wenn:

- die Scheibe oder deren Randabdichtung gerissen, beschädigt oder stark zerkratzt ist
- durch eine Aufprallbelastung eine plastische Verformung eingetreten ist

Das Betreiben der Maschine mit beschädigten Sichtscheiben zum Arbeitsraum ist verboten!

Verschleißteilbestimmung

Äußerlich unbeschädigte Sichtscheiben unterliegen durch die Beanspruchung mit KSS, Reinigungsmitteln sowie Fetten und Ölen einem Alterungsprozess, der eine Versprödung bewirkt. Sichtscheiben zum Arbeitsraum werden daher als Verschleißteil eingestuft. Sie müssen abhängig von Spindeldrehzahl und Werkzeugdurchmesser in vom Maschinenhersteller festgelegten Zeiträumen ausgetauscht werden.

Zulässige Werkzeuge und Drehzahlen für Polycarbonatscheibe 12 mm (Rückhaltefähigkeit)

GEFAHR!

Aus dem Diagramm kann der maximal zulässige Werkzeugdurchmesser und die dafür maximal zulässige Drehzahl in Abhängigkeit des Alters einer unbeschädigten Sichtscheibe ersehen werden.
Das Gefährdungspotential ergibt sich nach DIN prEN 12417 für wegfliegende Teile mit der Masse 100 g.

Für die zulässige Drehzahl von Werkzeugen sind die Werkzeugherstellerangaben maßgebend, nicht die theoretischen Grenzwerte des Diagramms.

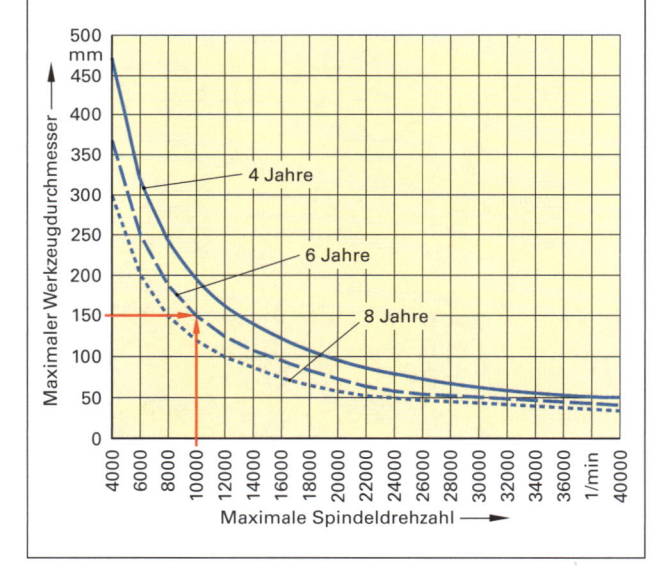

Aufgrund der Sicherheitsrelevanz ist der Austausch von Sichtscheiben mit Datumsangabe zu dokumentieren.

Beim Beispiel im Schaubild ist abzulesen, dass die Sichtscheibe bei einem Werkzeugdurchmesser von 150 mm und einer Spindeldrehzahl von 10 000 min^{-1} nach 6 Jahren auszutauschen ist.

12. Lesen Sie aus dem Diagramm ab, nach wie viel Jahren die gegebene Sichtscheibe bei einer Drehzahl von 9000 min^{-1} und einem Werkzeugdurchmesser von 200 mm zu wechseln ist.

LS 6.3 Beachten und Anwenden sicherheitstechnischer Maßnahmen

Betrieblicher Arbeitsauftrag *Production work order*

Alle Maschinen der VEL GmbH werden von den Facharbeitern weitgehend selbstständig gewartet. Hierzu erfolgen in regelmäßigen Abständen Unterweisungen in die Sicherheitsbestimmungen, deren Nichtbeachtung vielfach lebensbedrohliche Gefahren auslösen kann. Auch beim Umgang mit Kühlschmierstoffen bestehen gesundheitliche Gefahren, sodass es hier ebenfalls für alle Facharbeiter von großer Bedeutung ist, sich an die Regeln im Umgang mit KSS zu halten.

Die Maschinen müssen nach den vorgegebenen Wartungsplänen gewartet werden. Wenden Sie dabei ihre erworbenen Kenntnisse zum Arbeits- und Umweltschutz an.

Wartung an einer Schleifmaschine

Lernsituation 6.3 Beachten und Anwenden sicherheitstechnischer Maßnahmen
Knowing and practicing safety measures

Analysieren

1. Welche Sicherheitsmaßnahmen sind vor Beginn der Wartung an einer Werkzeugmaschine durchzuführen?

2. Bei der Wartung sind auch die Gefahren durch elektrischen Strom zu beachten. Ermitteln Sie mithilfe des Tabellenbuches die Verbots- und Warnzeichen sowie die Sicherheitskennzeichnung, die bei Arbeiten an elektrischen Anlagen zur Anwendung kommen.

Planen

3. Nennen Sie Geräte zur Inspektion der elektrischen Anlagenteile. Beschreiben Sie deren Wirkungsweise.

Das Gehäuse der Schleifmaschine ist durch ein defektes Kabel stromführend. Berührt eine Person das Gehäuse, so fließt ein Körperstrom I_K. Abhängig vom Körperwiderstand R_K und dem Übergangswiderstand $R_Ü$ ändert sich die Stromstärke die den Körper durchfließt!

Stromweg	50 V	230 V
Hand – Hand	2000 Ω	1000 Ω
Hand – Füße	1500 Ω	750 Ω
Hände – Füße	1000 Ω	500 Ω
Hand – Rumpf	1000 Ω	500 Ω
Hände – Rumpf	500 Ω	250 Ω

Elektrische Körperwiderstände R_K in Abhängigkeit von der Spannung

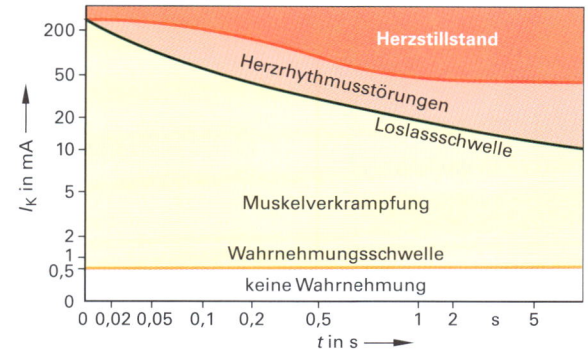

LS 6.3 Beachten und Anwenden sicherheitstechnischer Maßnahmen

4. Wovon hängt die Größe des elektrischen Körperwiderstandes ab?

5. Durch welche Maßnahmen lässt sich der Übergangswiderstand erhöhen?

6. Berechnen Sie die Stromstärke bei einer Wechselspannung von 230 V und einem Übertragungswiderstand von 800 Ω. Die Durchströmung erfolgt für eine Sekunde über beide Hände und Füße. Bestimmen Sie unter ansonsten gleichen Bedingungen die Stromstärke bei einer Spannung von 50 V und beurteilen Sie das Ergebnis.

Durchführen

7. Nennen Sie die Erste-Hilfe-Maßnahmen bei Unfällen durch elektrischen Strom.

8. Bei der Wartung wurde KSS verschüttet und breitet sich auf dem Hallenboden aus. Handeln Sie.

9. Bei der Kontrolle des KSS-Behälters stellen Sie fest, dass Öl auf der Oberfläche schwimmt. Erklären Sie dieses Phänomen. Was ist zu tun?

Beurteilen

10. Die KSS-Untersuchung ergibt eine zu geringe Gebrauchskonzentration. Beschreiben Sie die durchzuführenden Maßnahmen.

LS 7.1 Pneumatischer Werkstückvereinzeler mit einem Zylinder

LF 7 Inbetriebnehmen steuerungstechnischer Systeme
Start-up of control engineering systems

Betrieblicher Arbeitsauftrag *Production work order*

Grundlagen, Bauteile und technische Dokumentation der Steuerungstechnik
Fundamentals, components, and technical documentation in control engineering

Lernsituation 7.1 Pneumatischer Werkstückvereinzeler mit einem Zylinder
Pneumatic workpiece separator with one cylinder

Analysieren

Um eine Drehmaschine automatisch mit Werkstücken zu beladen, wurde eine pneumatische Schaltung installiert. Der genaue Aufbau ist dem Technologieschema (rechts) sowie dem Schaltplan (unten) zu entnehmen.

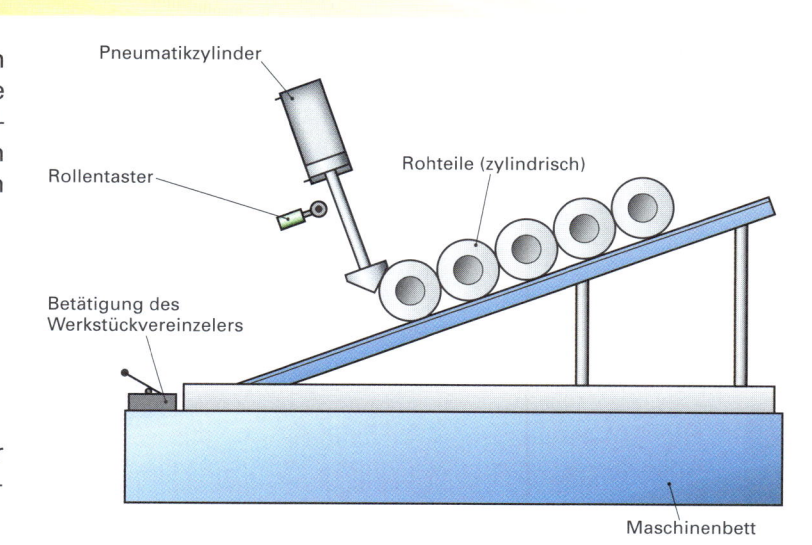

- Pneumatikzylinder
- Rollentaster
- Rohteile (zylindrisch)
- Betätigung des Werkstückvereinzelers
- Maschinenbett

Analysieren Sie die Funktionsweise der Anlage. Beantworten Sie dazu die folgenden Fragen:

1. Welche Schritte sind notwendig, um die Anlage in Betrieb zu nehmen?

2. Unter welchen Voraussetzungen fährt der Zylinder ein bzw. aus?

3. Aus welchen Einzelbauteilen setzt sich die Aufbereitungseinheit zusammen?

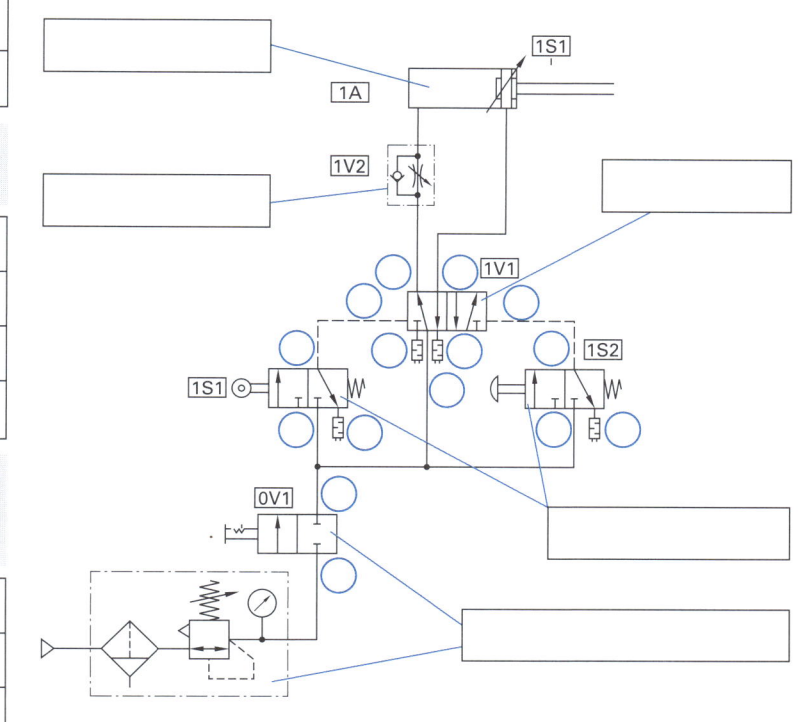

LS 7.1 Pneumatischer Werkstückvereinzeler mit einem Zylinder

4. Worin bestehen die Unterschiede zwischen den durchgezogenen und den gestrichelt dargestellten Pneumatikleitungen?

5. In einer Steuerung lassen sich Versorgungs-, Signal-, Stell-, Steuer- und Antriebsglieder unterscheiden. Ordnen Sie die Bauteile der Schaltung im Bild auf Seite 43 den entsprechenden Kategorien zu.

6. Welche Bedeutung hat in der symbolischen Darstellung der Pfeil durch den Zylinder?

Planen

7. Im Betrieb der Anlage soll das Drossel-Rückschlag-Ventil verwendet werden, um den Vereinzeler auf unterschiedlich große Werkstücke einstellen zu können. Welche Bewegung wird dabei gedrosselt und welche Art der Drosselung liegt vor?

8. In der Ruhestellung ist der Zylinder ausgefahren. Skizzieren Sie wie das Ventil 1S1 dargestellt werden muss, wenn der Zylinder in Ruhestellung eingefahren wäre?

9. Welche Bauteile werden für die Schaltung benötigt? Erstellen Sie eine Bauteilliste.

Kurzbez.	Bauteilbezeichnung	Ausführung

10. Bezeichnen Sie die Anschlüsse der Ventile im Schaltplan (blaue Kreise) auf Seite 43.

LS 7.1 Pneumatischer Werkstückvereinzeler mit einem Zylinder

Durchführen

11. Beim Aufbau der Schaltung zeigt sich, dass folgendes Bauteil nicht im Lager der Firma vorrätig ist.

Laut Lagerbestand sind jedoch die Ventile A–F vorhanden.

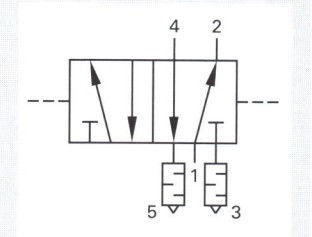

Welche der Ventile sind für die direkte Verwendung (ohne große Umbaumaßnahmen) in der Schaltung geeignet?

Worin bestehen die Unterschiede zwischen den Ventilen?

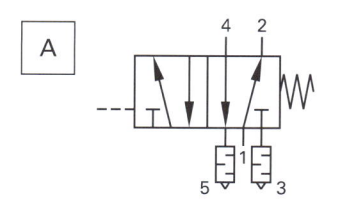

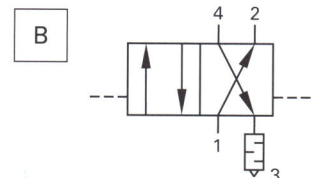

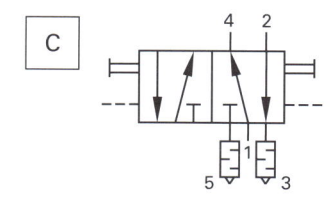

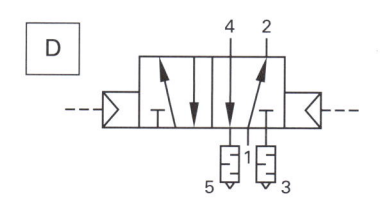

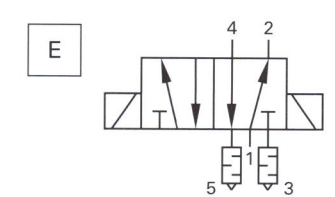

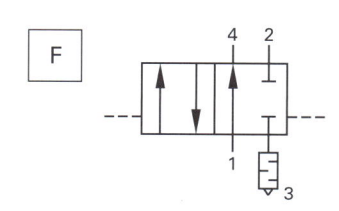

A   B   C

D   E   F

12. Zur Dokumentation der Schaltungsfunktion dient ein Funktionsdiagramm (auch Weg-Schritt-Diagramm genannt).
Ergänzen Sie im untenstehende Diagramm die Kennzeichnung der Bauteile und Zustände.

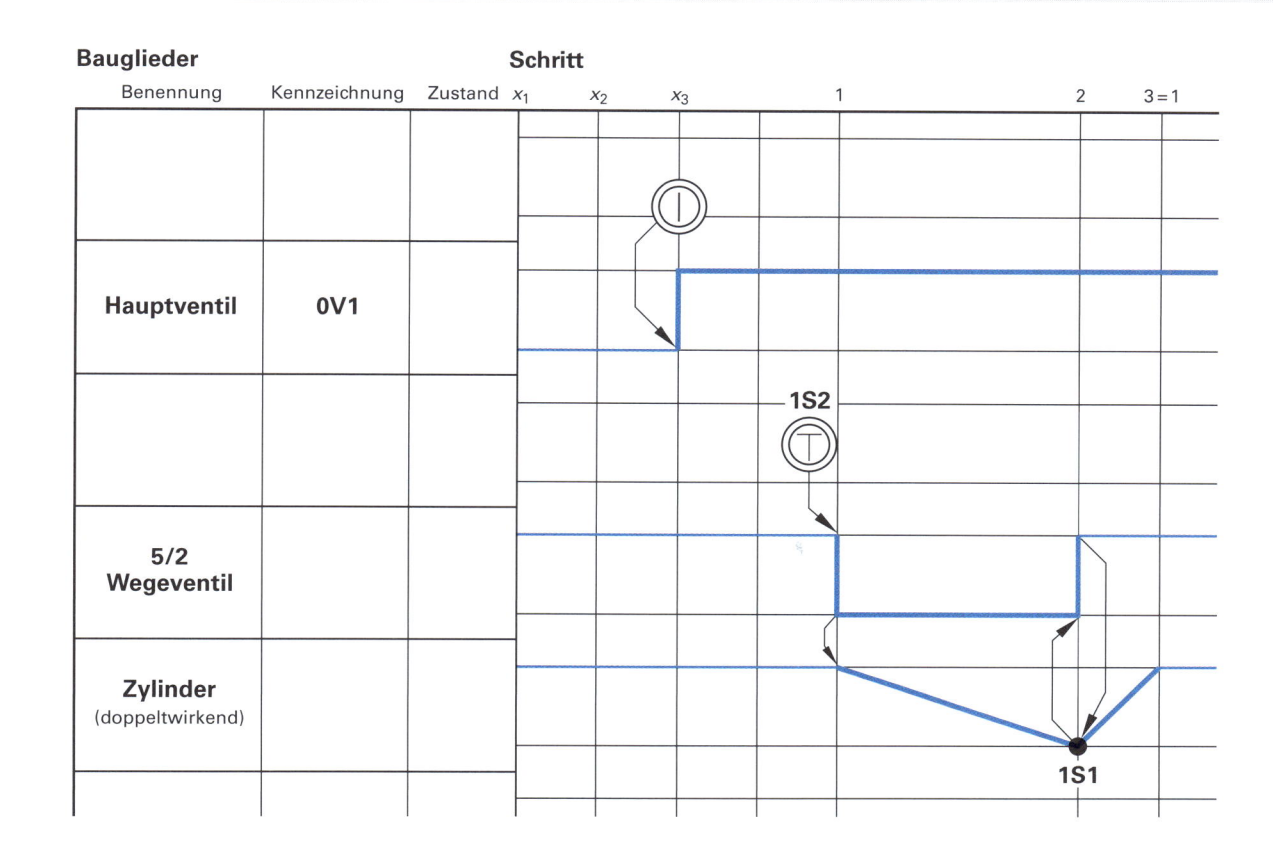

Bauglieder			Schritt					
Benennung	Kennzeichnung	Zustand	x_1	x_2	x_3	1	2	3=1
Hauptventil	0V1							
5/2 Wegeventil								
Zylinder (doppeltwirkend)								

LS 7.1 Pneumatischer Werkstückvereinzeler mit einem Zylinder

Beurteilen

13. Schreiben Sie anhand des Funktionsdiagramms von S. 45 eine Funktionsbeschreibung.

Hinweis zur Formulierung:
Für eine Funktionsbeschreibung ist eine knappe, präzise Sprache wichtig.
- technische Bezeichnungen verwenden
- funktionelle Zusammenhänge deutlich herausstellen
  - Was passiert wann und warum?
- Im Gegensatz zum Deutschaufsatz dürfen sich wichtige Standardbegriffe (wie „betätigen", „ein-/ausfahren") etc. häufen.

Um die Arbeitssicherheit des Maschinenbedieners zu gewährleisten, muss sichergestellt werden, dass der ausfahrende Zylinder ihn nicht verletzen kann.

Folgendes ist bekannt:
- Der Zylinder hat eine Hublänge von 200 mm
- Der Kolbendurchmesser beträgt 30 mm
- Der Kolbenstangendurchmesser beträgt 10 mm
- Der Betriebsdruck der pneumatischen Anlage beträgt 6 bar

Zur Einschätzung der Frage, ob der Betrieb der Anlage gefährlich ist, müssen die auftretenden Kräfte bekannt sein.

14. Berechnen Sie hierzu die Kolbenkraft des Pneumatikzylinders.

Benötigte Formeln:

$p = \dfrac{F}{A}$ (Definition der Drucks) $\qquad A = \dfrac{\pi \cdot d^2}{4}$ (Kreisfläche)

Kolbenfläche A:

zur Veranschaulichung lässt sich eine entsprechende Masse berechnen:

$G = m \cdot g$

15. Nehmen Sie eine Einschätzung vor, ob dies für den Maschinenbediener gefährlich ist.

16. Welche Schutzmaßnahmen könnte ggf. getroffen werden, um die Sicherheit zu erhöhen?

LS 7.2 Erweitern des Werkstückvereinzelers

Betrieblicher Arbeitsauftrag *Production work order*

Erweiterung einer pneumatischen Schaltung
Extending a pneumatic circuit

Lernsituation 7.2 Erweitern des Werkstückvereinzelers
Improving a workpiece separator

Im praktischen Einsatz des Werkstückvereinzelers ergeben sich einige Probleme:

- Die Anlage lässt sich mithilfe des Drossel-Rückschlagventils nur schlecht auf unterschiedlich große Werkstücke einrichten.
- Gelegentlich kommt es vor, dass zwei Werkstücke bei einem Fördervorgang aus dem Magazin herausrollen.
- In anderen Fällen wird das erste Werkstück eingeklemmt, sodass gar keins in die Maschine gelangt.

Analysieren

1. Entwickeln Sie Vorschläge, um die Zuverlässigkeit der Anlage zu verbessern.

Analyse der Problemstellung

In der Diskussion mit Ihren Kollegen und Vorgesetzten wird der Vorschlag favorisiert, den Werkstückvereinzeler um einen zweiten Zylinder zu erweitern.

Die Steuerung soll dabei Werkstücke unterschiedlicher Größe ohne Umrüst- oder Einstellarbeiten zuverlässig vereinzeln können.

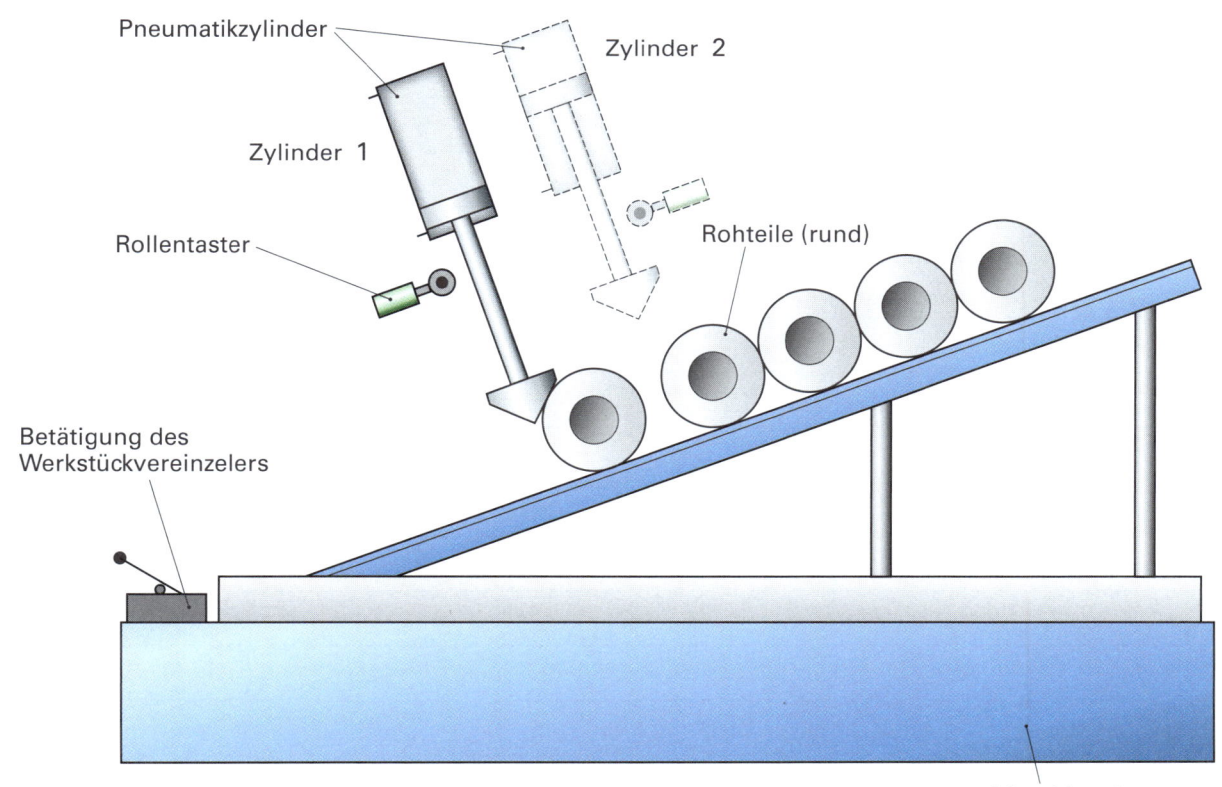

2. Legen Sie zunächst fest, in welcher Reihenfolge die Zylinder sinnvoller Weise ein- und ausfahren sollen, damit die Funktion gewährleistet ist.

Nummer des Arbeitsschritts	Beschreibung des Arbeitsschritts	Zusatzbedingungen/Besonderheiten

Hinweis: Hier lässt sich gut die Kurzbeschreibung von Zustandsänderungen für Arbeitselemente verwenden.

3. Bei der Ablaufsteuerung von zwei Zylindern kann es prinzipiell zur Signalüberschneidung kommen.

Erklären Sie den Begriff „Signalüberschneidung". Gehen Sie dabei insbesondere auf folgende Aspekte ein:

- Auftreten – wann und wo tritt sie auf?
- Auswirkung – wie wirkt sie sich aus?
- Abhilfe – mit welchen technischen Mitteln kann man sie beheben?

4. Analysieren Sie, ob und an welchen Stellen Ihres geplanten Ablaufs mit Signalüberschneidung zu rechnen ist. Markieren Sie die Stellen entsprechend in der obigen Tabelle und beschreiben Sie die Auswirkungen.

LS 7.2 Erweitern des Werkstückvereinzelers

Planen

5. Um einen störungsfreien Betrieb der Anlage zu sichern, ist eine ausreichende Versorgung mit Druckluft erforderlich.

   Berechnen Sie den Verbrauch an Druckluft des Werkstückvereinzelers für einen Arbeitszyklus. (Ein- und Ausfahren beider Zylinder)

   Verwenden Sie hierzu die Angaben aus Aufgabe 14 (Lernsituation 7.1, Seite 46)

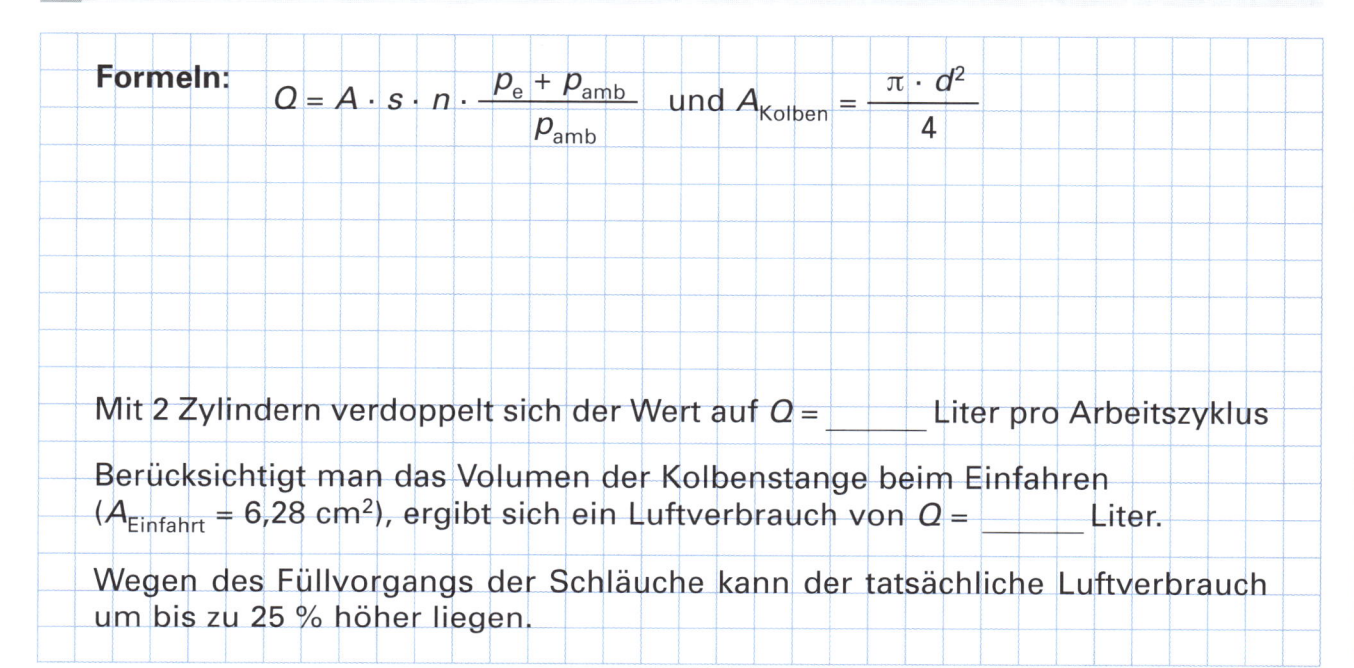

Formeln: $Q = A \cdot s \cdot n \cdot \dfrac{p_e + p_{amb}}{p_{amb}}$ und $A_{Kolben} = \dfrac{\pi \cdot d^2}{4}$

Mit 2 Zylindern verdoppelt sich der Wert auf $Q =$ _____ Liter pro Arbeitszyklus

Berücksichtigt man das Volumen der Kolbenstange beim Einfahren ($A_{Einfahrt} = 6{,}28\ \text{cm}^2$), ergibt sich ein Luftverbrauch von $Q =$ _____ Liter.

Wegen des Füllvorgangs der Schläuche kann der tatsächliche Luftverbrauch um bis zu 25 % höher liegen.

6. Von welchen weiteren Faktoren hängt der genaue Luftverbrauch der Anlage im praktischen Einsatz ab?

   Zählen Sie möglichst viele relevante Einflussfaktoren auf.

Da an der Druckluftversorgung der VEL Mechanik GmbH weitere pneumatische Verbraucher hängen, kommt es vor, dass kurzfristig sehr große Mengen Druckluft aus dem Leitungssystem entnommen werden. Dabei treten gelegentlich Druckabfälle auf, die zu Fehlfunktionen führen.

7. Welche Maßnahmen können ergriffen werden, um die Versorgung mit Druckluft zu verbessern? Diskutieren Sie die unterschiedlichen Möglichkeiten, insbesondere bezüglich der entstehenden Kosten.

LS 7.2 Erweitern des Werkstückvereinzelers

Durchführen

8. Ergänzen Sie das untenstehende Funktionsdiagramm entsprechend der in Aufgabe 1 festgelegten Folge von Arbeitsschritten.

Hinweis:
Ohne genaue Festlegung des Schaltplans können nur Teile des Funktionsdiagramms erstellt werden.

Zumindest die Zustandslinien (hier dicke blaue Linien; in der Lösung dicke rote Linien) für beide Zylinder können bereits jetzt eingezeichnet werden. In einem zweiten Schritt können die dazugehörigen Stellglieder ergänzt werden.
Einige Signallinien (dünne, schwarze Linien) und Betätigungsarten können dagegen erst eingezeichnet werden, wenn die Einzelheiten der Schaltung feststehen.

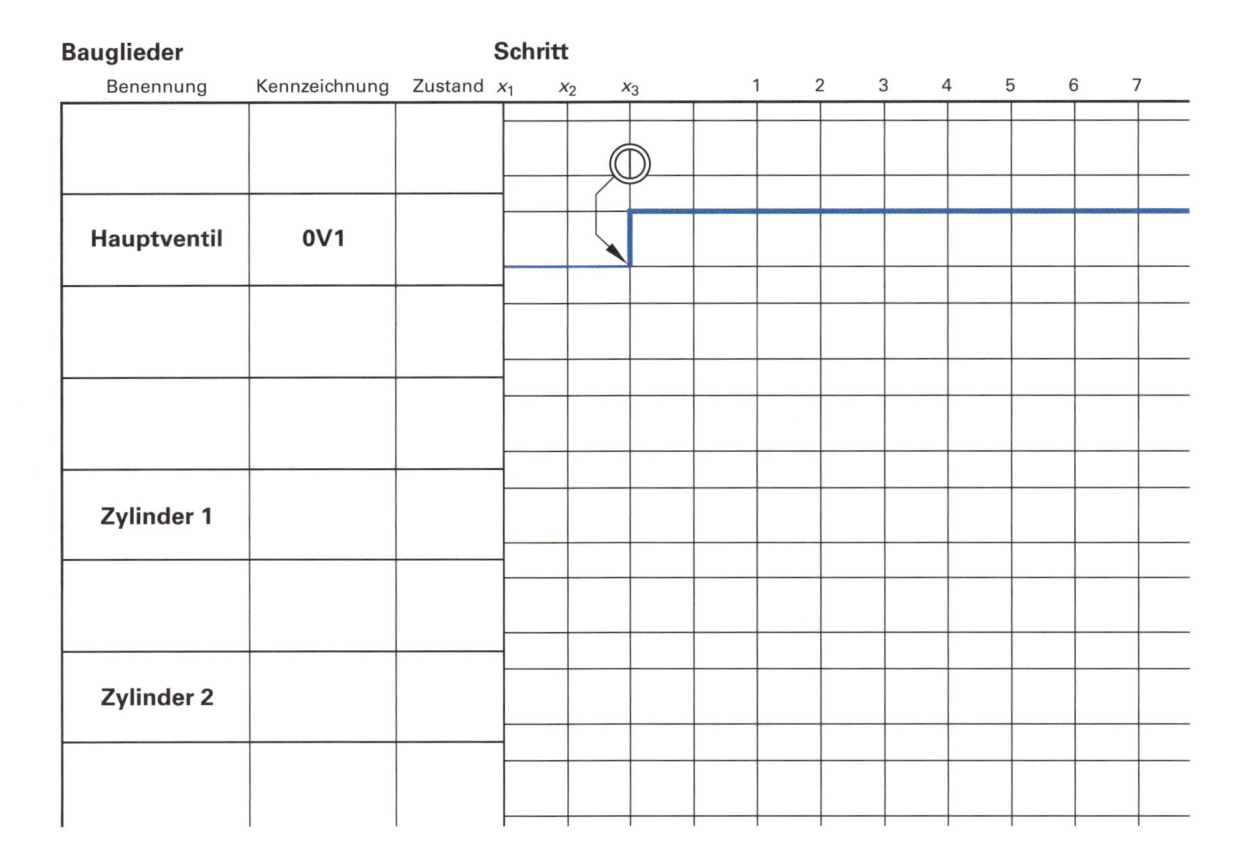

| Bauglieder | | | Schritt | | | | | | | | | |
Benennung	Kennzeichnung	Zustand	x_1	x_2	x_3	1	2	3	4	5	6	7
Hauptventil	0V1											
Zylinder 1												
Zylinder 2												

9. Formulieren Sie die Informationen, die Sie dem Funktionsdiagramm entnehmen können, in kurzen stichpunktartigen Sätzen.

LS 7.2 Erweitern des Werkstückvereinzelers

Beurteilen

Ihre Kollegen haben vier besonders einfache Vorschläge zur Ansteuerung des Werkstückvereinzelers mit zwei Zylindern gemacht.

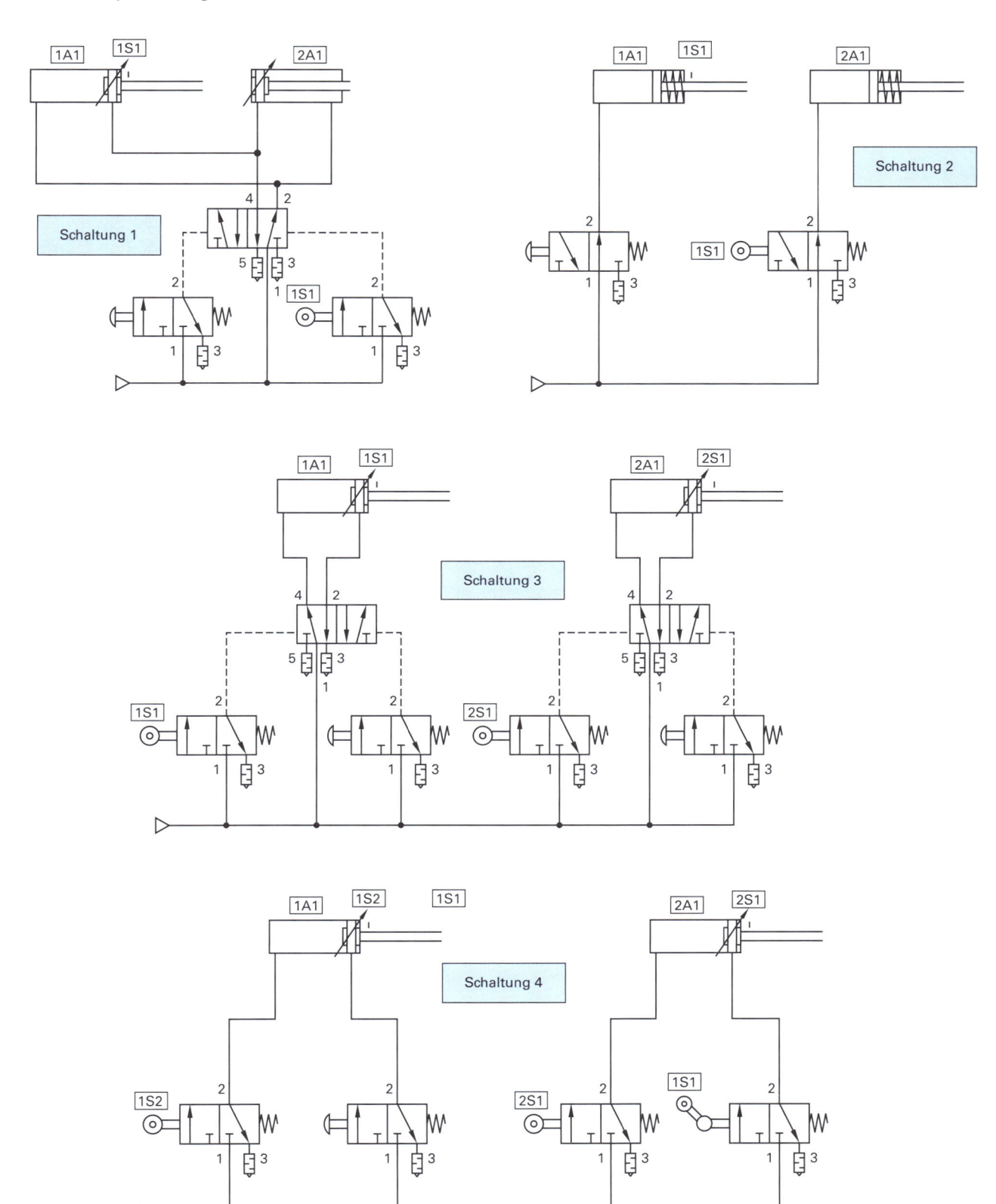

Schaltung 1

Schaltung 2

Schaltung 3

Schaltung 4

10. Ordnen Sie zunächst den Schaltplänen die dazugehörigen Funktionsdiagramme von der nächsten Seite zu.

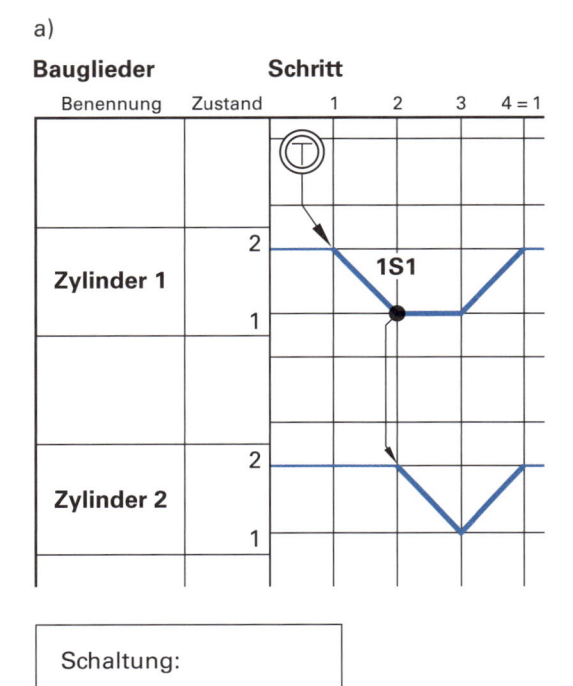

LS 7.2 Erweitern des Werkstückvereinzelers

a)

Bauglieder		Schritt			
Benennung	Zustand	1	2	3	4 = 1
Zylinder 1	2 / 1		1S1		
Zylinder 2	2 / 1				

Schaltung:

b)

Bauglieder		Schritt				
Benennung	Zustand	1	2	3	4	5 = 1
5/2 Wegeventil	a / b					
Zylinder 1	2 / 1		1S1			
5/2 Wegeventil	a / b					
Zylinder 2	2 / 1				2S1	

Schaltung:

c)

Bauglieder		Schritt				
Benennung	Zustand	1	2	3	4	5 = 1
Zylinder 1	2 / 1		1S2	1S1		
Zylinder 2	2 / 1				2S1	

Schaltung:

d)

Bauglieder		Schritt		
Benennung	Zustand	1	2	3 = 1
Zylinder 1	2 / 1		1S1	
5/2 Wegeventil	a / b			
Zylinder 2	2 / 1			

Schaltung:

11. Analysieren Sie die Lösungsvorschläge:
- Erfüllt die Lösung die Anforderungen?
- Welche Probleme können beim Betrieb der Anlage auftreten?
- Welche Vor- und Nachteile der gewählten Lösung lassen sich erkennen?

Betrieblicher Arbeitsauftrag *Production work order*

Funktionserweiterung des Werkstückvereinzelers
Extending the functions of a workpiece separator

Lernsituation 7.3 Optimieren der Funktion *Functional optimization*

Analysieren

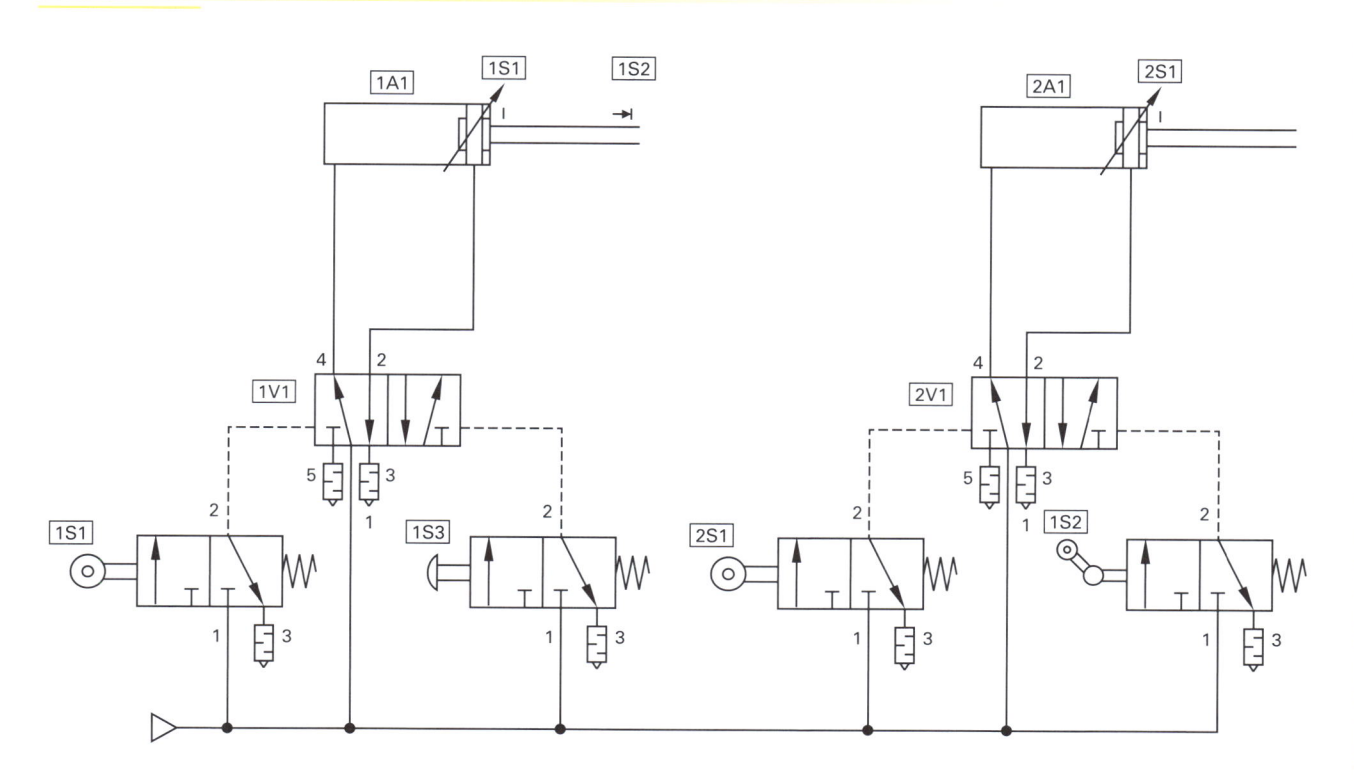

Nach einigen praktischen Versuchen mit unterschiedlichen Drehteilen bewährt sich folgende Schaltung. Analysieren Sie die Schaltung. Folgende Fragen können dabei hilfreich sein:

1. In welcher Reihenfolge fahren die beiden Zylinder ein und aus?

2. An welcher Stelle tritt im Ablauf Signalüberschneidung auf und wie wird sie vermieden?

LS 7.3 Optimieren der Funktion

3. Welche Vorteile hat der jetzt gefundene Ablauf, verglichen mit den zuvor untersuchten Vorschlägen?

_____
_____
_____
_____
_____
_____
_____
_____
_____

4. Vervollständigen Sie eines der untenstehenden Funktionsdiagramme, um die Dokumentation der Schaltung abzuschließen.

Entscheiden Sie, ob Sie ein ausführliches Funktionsdiagramm mit Stellgliedern (oben) oder ein reduziertes ohne Stellglieder (unten) erstellen wollen.

Bauteile Benennung	Kennzeichnung	Zustand	x_1	x_2	x_3	1	2	3	4	5	6	7
Hauptventil	OV1											
Zylinder 1												
Zylinder 2												

Benennung	Kennzeichnung	Zustand	x_1	x_2	x_3	1	2	3	4	5	6	7
Hauptventil	OV1											
5/2 Wegeventil												
Zylinder 1												
5/2 Wegeventil												
Zylinder 2												

LS 7.3 Optimieren der Funktion

Planen

Nach längerem Einsatz des Werkstückvereinzelers meldet der zuständige Facharbeiter einige Probleme aus dem Arbeitsalltag:
- Gelegentlich kommt es vor, dass der Zylinder 2 in der hinteren Endlage von einem falsch eingelegten Rohteil blockiert wird. Wird dann der Zyklus gestartet, kommt es zur Fehlfunktion.
- Beim Einrichten der Maschine ist der Taster, der den Werkstückvereinzeler startet, zu weit entfernt um ihn zu betätigen. Daher hätte der Maschinenbediener gerne einen 2. Taster, mit dem sich die Steuerung alternativ starten lässt.
- Die Geschwindigkeit des Ausfahrvorgangs beider Zylinder sollte (getrennt) einstellbar sein.

5. Mit welchen Maßnahmen/Erweiterungen der Schaltung kann die zusätzliche Funktionalität erzielt werden?
Welche zusätzlichen Bauteile werden benötigt?

Durchführen

6. Erweitern Sie die Schaltung um die genannten Funktionen.

7. Welche Änderungen sind im Funktionsdiagramm notwendig, um es an die erweiterte Schaltung anzupassen?

8. Stellen Sie die notwendigen Änderungen im Funktionsdiagramm dar.

Beurteilen

Nach der Erweiterung der Schaltung gibt es zunächst Probleme: die Schaltung funktioniert nicht wie geplant.

9. Entwickeln Sie einen Plan zur **systematischen** Fehlersuche. Gehen Sie dabei nicht nur von dieser speziellen Schaltung aus.

Beachten Sie dabei folgende Punkte:
- Wie lässt sich die Fehlersuche möglichst effizient und sicher (Arbeitssicherheit) gestalten?
- Wie lässt sich aus beseitigten Fehlern für die Zukunft lernen?

Betrieblicher Arbeitsauftrag *Production work order*

Funktionserweiterung des Werkstückvereinzelers
Extending the functions of a workpiece separator

Lernsituation 7.4 Umrüsten der Schaltung auf Elektropneumatik
Electro-pneumatic conversion of control circuits

Analysieren

Wegen der Umstellung auf eine Mehrmaschinenbedienung soll die gesamte Steuerung des Werkstückvereinzelers auf Elektropneumatik umgerüstet und an weiteren Produktionsmaschinen installiert werden.

1. Welche Aufgaben werden bei einer elektropneumatischen Schaltung vom pneumatischen Teil der Schaltung und welche vom elektrischen Teil der Schaltung übernommen?

2. Welche Teile der Steuerung müssen dazu ausgetauscht werden und welche können weiterverwendet werden?

3. Welche weiteren Vorteile ergeben sich durch die Umrüstung auf Elektropneumatik?

4. Mit welcher elektrischen Spannung arbeiten elektropneumatische Anlagen üblicherweise und warum wird nicht einfach die Standard-Netzspannung verwendet?

LS 7.4 Umrüsten der Schaltung auf Elektropneumatik

5. Welche Gemeinsamkeiten und Unterschiede haben die 3 dargestellten Bauteile?

6. Wie werden elektrische Schalter im Schaltplan dargestellt, wenn sie in Ruhestellung betätigt sind? Welche Verwechslungen können dabei leicht auftreten? Skizzieren Sie je einen betätigten Öffner und Schließer.

Für die Umrüstung auf Elektropneumatik wurde von einem Kollegen der elektrische Schaltplan entwickelt.

Analysieren Sie den Schaltplan und machen Sie sich mit den entsprechenden Symbolen vertraut.

7. Vervollständigen Sie den pneumatischen Teil der Anlage.

8. Wie wird die Anlage in Betrieb genommen und gestartet?

9. Kann der Ein- und Ausschalter auch ersatzweise unten links in den Leiter die 0-Volt-Leitung eingebaut werden?

10. Welche Bedeutung haben die kleinen Tabellen unter einigen Strompfaden des Schaltplans?

Der Schaltplan zeigt eine sogenannte (elektrische) Selbsthaltung. Sie ist auch Bestandteil des elektropneumatischen Werkstückvereinzelers und dient der Aufhebung der Signalüberschneidung.

11. Analysieren Sie die nebenstehende Schaltung und erklären Sie das Prinzip der Selbsthaltung mit eigenen Worten.

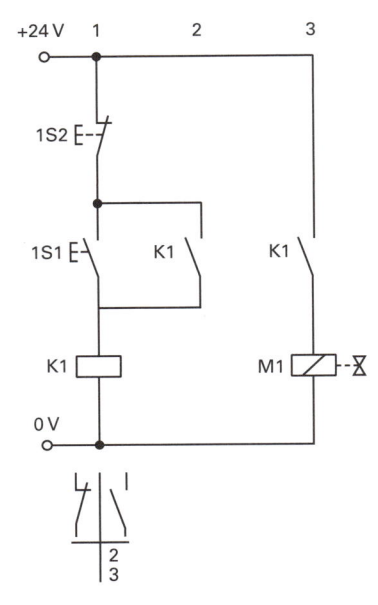

Zur Orientierung können folgende Fragen dienen:
- Was „hält sich" hier selbst?
- Wo muss Spannung anliegen, damit das Relais anzieht? („zieht an" = Fachsprache für „schaltet ein")
- Was schaltet das Relais?
- Wann fällt das Relais wieder ab? („fällt ab" = Fachsprache für „schaltet ab")

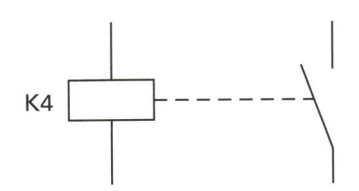

Hinweis: Zum Verständnis ist es wichtig zu beachten, dass die mit „K1" bezeichneten Bauteile in den Strompfaden 1 und 2 (und 3) zusammengehören. Fließt durch das als Rechteck dargestellte Relais K1 in Strompfad 1 (= Steueranschluss des Relais) Strom, werden die als Schalter dargestellten Schließer des Relais in Strompfad 2 und 3 geschlossen.

12. Analysieren Sie jetzt den elektrischen Schaltungsteil des Vereinzelers (S. 57 Aufgabe 7). Auf welche Weise hebt die Selbsthaltung die Signalüberschneidung auf?

LS 7.4 Umrüsten der Schaltung auf Elektropneumatik

13. Welche elektrischen Sensoren stehen in der Elektropneumatik zur Verfügung, wozu eignen sie sich und wie werden sie im Schaltplan dargestellt? Erläutern Sie die Symbole.

Symbol	Funktionsprinzip	Reagiert auf ...
(Symbol 1 – Spule)		
(Symbol 2 – Kondensator)		
(Symbol 3 – optisch)		
(Symbol 4 – Magnet)		

14. Welche Bauteile werden für den elektrischen Teil der Schaltung (Aufgabe 7) benötigt? Erstellen Sie eine Stückliste.

Kurzbeschreibung im Schaltplan	Bauteil	Ausführung

Durchführen

Unten ist ein fehlerhafter Aufbau der elektrischen Selbsthaltung aus Aufgabe 11 dargestellt.
Die Anlage enthält zwei typische Schülerfehler und zeigt folgendes Fehlverhalten:
- Das Relais K1 zieht bereits in Grundstellung an.
- Bei Betätigung von 1S1 und 1S2 erlischt die Kontrolllampe vom Relais K1.
- Die Ventilbetätigung M1 wird zu keinem Zeitpunkt aktiviert.

15. Finden und beseitigen Sie die Fehler. Beschreiben Sie den prinzipiellen Fehler

LS 7.4 Umrüsten der Schaltung auf Elektropneumatik

16. Zeichnen Sie die notwendige Verkabelung der elektrischen Schaltung des Werkstückvereinzelers in die unten abgebildeten Bauteile ein. Sensoren und Ventilbetätigung sitzen an den pneumatischen Bauteilen – hier können nur die entsprechenden Kabel vorgesehen werden.

Die erweiterte Funktion der pneumatischen Schaltung (LS 7.3, Seite 55, Aufgabe 5 + 6) lässt sich mithilfe der Elektropneumatik besonders einfach umsetzen und betrifft hauptsächlich den ersten Strompfad der elektrischen Schaltung.

17. Erweitern Sie die elektrische Schaltung um einen alternativen Bedientaster und eine Sicherheitsabfrage der hinteren Endlage von Zylinder Nummer 2.

18. Entwickeln Sie zu Übungszwecken eine elektropneumatische Schaltung mit **Pneumatikteil und elektrischer Ansteuerung** für den ursprünglichen Werkstückvereinzeler mit einem Zylinder aus LS 7.1 Aufgabe 1

Beurteilen

19. Überlegen Sie, wie und an welcher Stelle zusätzlich elektrische Sensoren eingesetzt werden können, um die Funktion des Werkstückvereinzelers zu erweitern und zu verbessern.

LS 8.1 Die Fertigung mit CNC-Werkzeugmaschinen vorbereiten

LF 8 — **Programmieren von und Fertigen mit numerisch gesteuerten Werkzeugmaschinen** *Programming numerically controlled machine tools for manufacture*

Betrieblicher Arbeitsauftrag *Production work order*

Die VEL Mechanik GmbH stellt für einen Kunden Grundkörper für unterschiedliche Messinstrumente her. Sie erhalten den Auftrag den Grundkörper für eine Wetterstation „AIR" in einer Losgröße von 100 Stück zu fertigen. Die vorbearbeiteten Werkstücke werden Ihnen in den Maßen 130 x 80 x 20 bereitgestellt.

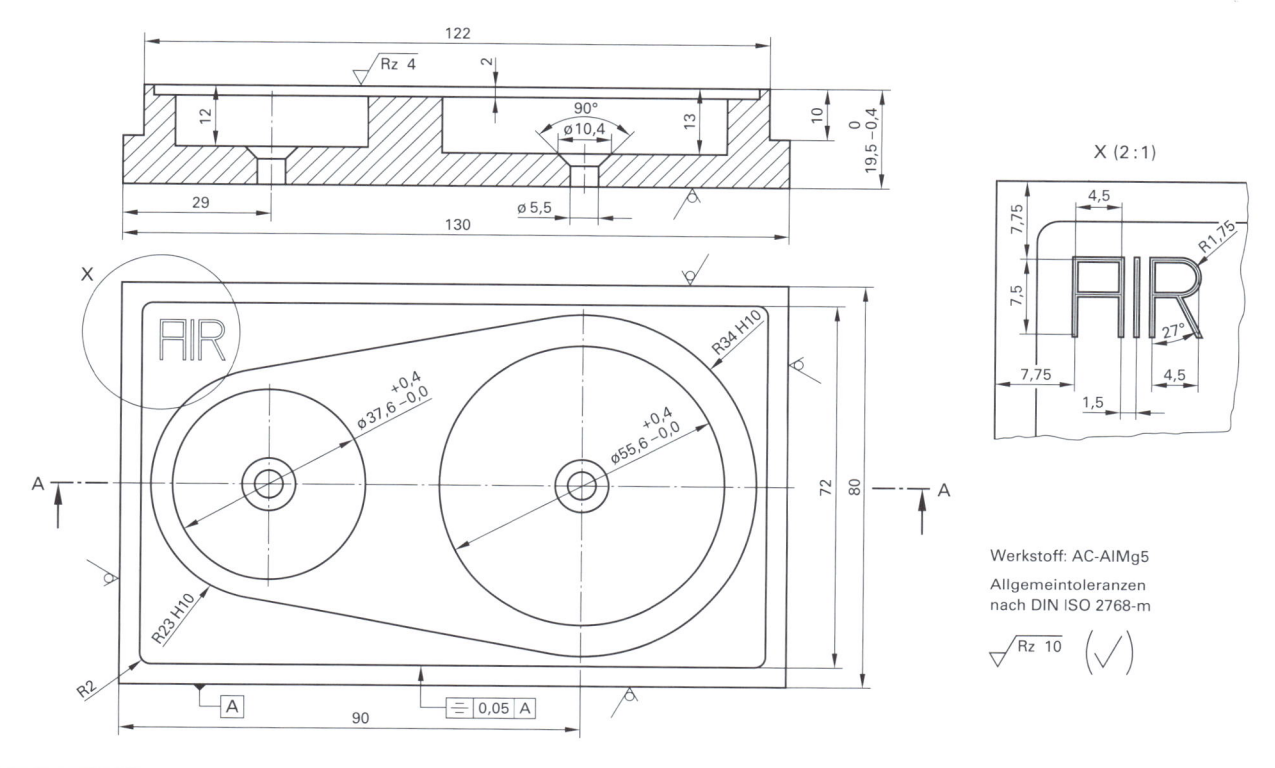

Werkstoff: AC-AlMg5
Allgemeintoleranzen nach DIN ISO 2768-m

Lernsituation 8.1 Die Fertigung mit CNC-Werkzeugmaschinen vorbereiten
Preparing for manufacturing with CNC machine tools

Analysieren

1. Nennen Sie die zur Herstellung des Grundkörpers notwendigen Fertigungsverfahren.

Planen

Konventionelle und numerisch gesteuerte Werkzeugmaschinen weisen eine Reihe konstruktiver Gemeinsamkeiten auf. Gleichzeitig gibt es aber auch wesentliche Unterschiede. Teilweise werden Lösungen, die zunächst für CNC-Werkzeugmaschinen entwickelt wurden, auch bei konventioneller Technik eingesetzt. Ein Beispiel dafür sind die Messsysteme.

2. Stellen Sie die konstruktiven Unterschiede von konventionellen und CNC-Werkzeugmaschinen tabellarisch nach dem unten gezeigten Muster einander gegenüber.

Merkmal	Konventionelle Werkzeugmaschine	CNC-Werkzeugmaschine

LS 8.1 Die Fertigung mit CNC-Werkzeugmaschinen vorbereiten

3. Ergänzen Sie die Übersicht zu Messprinzipien, die in Messsystemen von CNC-Maschinen verwendet werden.

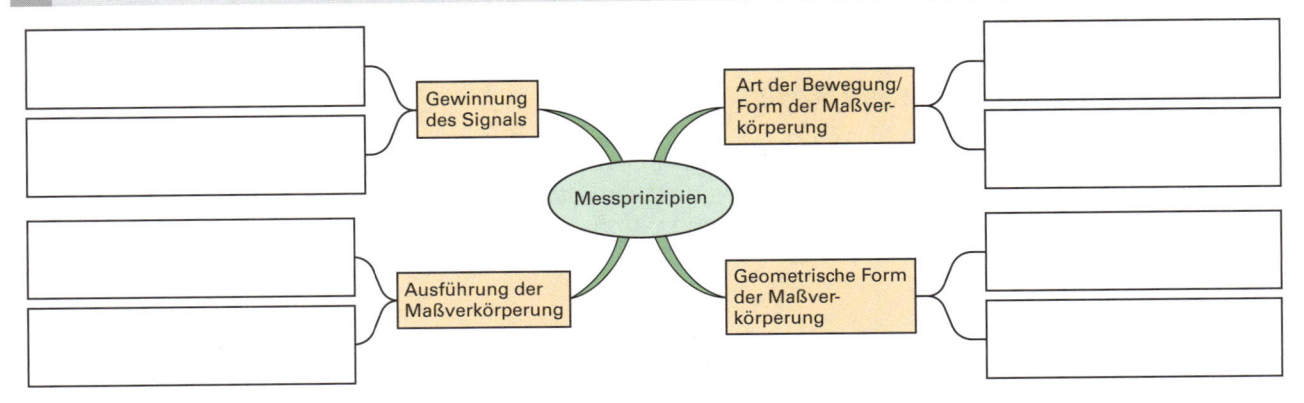

(Mindmap: Messprinzipien mit den Ästen „Gewinnung des Signals", „Art der Bewegung/Form der Maßverkörperung", „Ausführung der Maßverkörperung", „Geometrische Form der Maßverkörperung" — jeweils mit leeren Feldern zum Ausfüllen)

4. Unterscheiden Sie Absolut- und Inkrementalprogrammierung.

Eine CNC-Steuerung ist eine sehr komplexe Einheit zur Informationsverarbeitung. Je nachdem, welches Fertigungsverfahren mit der Steuerung organisiert werden muss und wie vielfältig die dafür notwendigen Verfahrbewegungen sein müssen, unterscheiden sich die Steuerungen.

5. Stellen Sie anhand des EVA-Prinzips aus der Informatik den grundsätzlichen Aufbau einer CNC-Steuerung in einem Mindmap dar.

6. Nennen Sie die Merkmale und Anwendungsbereiche der an CNC-Maschinen installierten Steuerungsarten und recherchieren Sie welche Baugruppen an Werkzeugmaschinen als steuerbare Achsen ausgelegt werden können.

An CNC-Maschinen findet ein rechtshändiges, rechtwinkliges Koordinatensystem Anwendung. Die Lage und Richtung der Koordinatenachsen an Werkstück und Maschine sind in DIN 66217 festgelegt.

7. Erläutern Sie den Zweck und die Merkmale von Referenzpunkt R, Maschinennullpunkt M und Werkstücknullpunkt W.

LS 8.1 Die Fertigung mit CNC-Werkzeugmaschinen vorbereiten

Durchführen

Für das richtige Abarbeiten eines CNC-Programmes ist es wichtig, das Maschinenkoordinatensystem mit dem Werkstückkoordinatensystem in Beziehung zu setzen.

8. Ergänzen Sie in den dargestellten Arbeitsräumen der Maschinen die Achsrichtungen und die genormten Nullpunktsymbole und veranschaulichen Sie die Zusammenhänge durch Bemaßung der Darstellungen und Eintragen der Koordinatenwerte in die Anzeigeelemente.

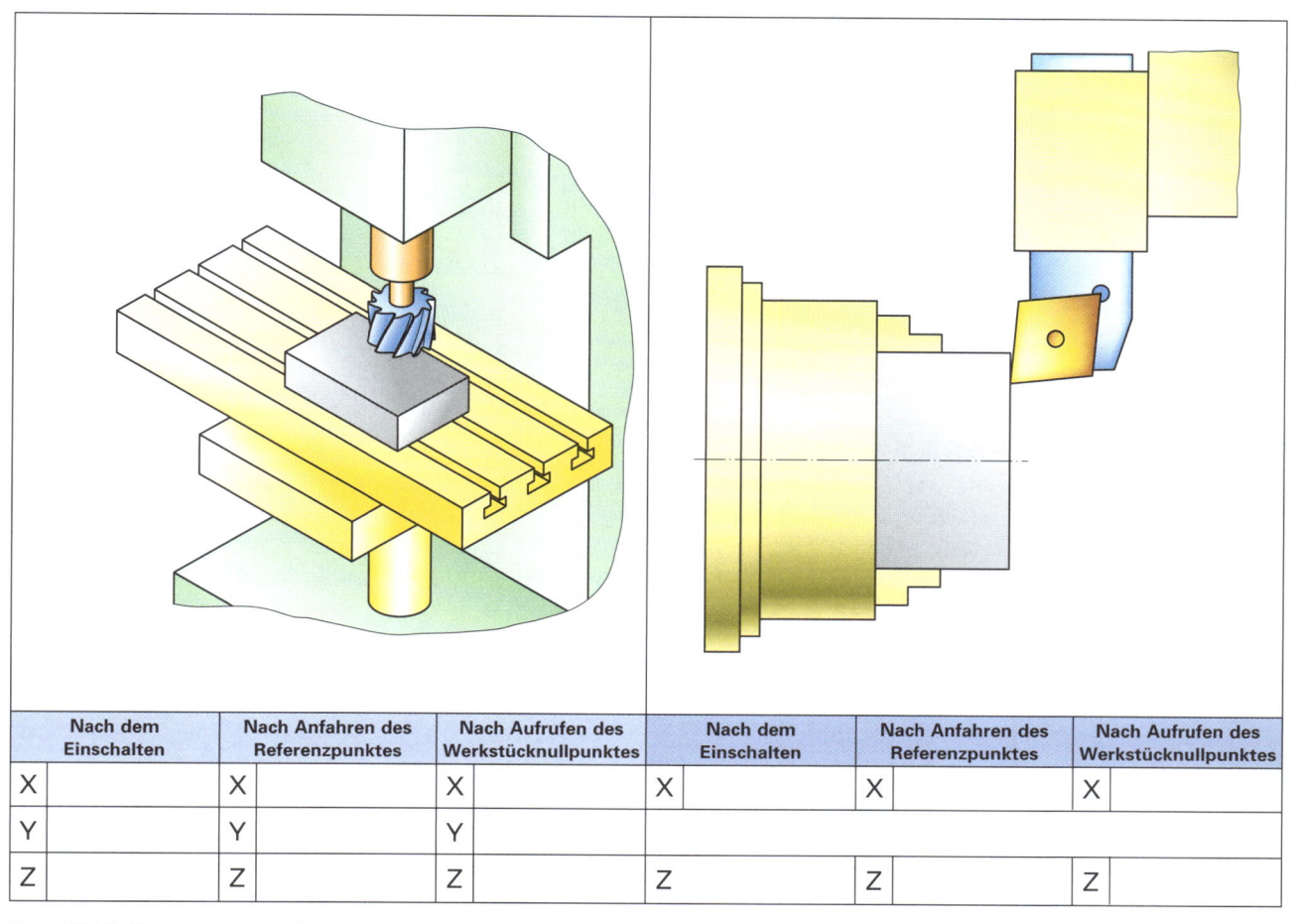

Nach dem Einschalten		Nach Anfahren des Referenzpunktes		Nach Aufrufen des Werkstücknullpunktes		Nach dem Einschalten		Nach Anfahren des Referenzpunktes		Nach Aufrufen des Werkstücknullpunktes	
X		X		X		X		X		X	
Y		Y		Y							
Z		Z		Z		Z		Z		Z	

Die CNC-Steuerung arbeitet mit einem kartesischen Koordinatensystem. Die Angabe von polaren Koordinatenwerten ist im CNC-Programm jedoch ebenso möglich. Der Programmierer entscheidet sich nach den Angaben auf der Zeichnung, um seinen Rechenaufwand zu minimieren.

9. Unterscheiden Sie das kartesische und das polare Koordinatensystem und stellen Sie den mathematischen Zusammenhang skizzenhaft und formelmäßig dar.

64   LS 8.1 Die Fertigung mit CNC-Werkzeugmaschinen vorbereiten

10. Legen Sie den Werkstücknullpunkt fest. Berechnen Sie dementsprechend die fehlenden Werte und vervollständigen Sie die Tabelle, in dem Sie die Koordinaten der markierten Punkte angeben.

P1	X		R	
	Y		α	
P2	X		R	
	Y		α	
P3	X		R	
	Y		α	
P4	X		R	
	Y		α	
P5	X		R	
	Y		α	

Beurteilen

11. Begründen Sie anhand der Fertigungsaufgabe die Notwendigkeit für Ihre Lösung eine CNC-Werkzeugmaschine einzusetzen.

12. Legen Sie fest, welche Steuerungsart für die Lösung der Fertigungsaufgabe mindestens benötigt wird. Begründen Sie Ihre Aussage.

13. Diskutieren Sie die unterschiedlichen Entscheidungen in Ihrer Lerngruppe, die Lage des Werkstücknullpunktes festzulegen und formulieren Sie diesbezüglich allgemeingültige Richtlinien.

14. Drucken Sie ggf. Ihre digital gespeicherten Dokumente eindeutig beschriftet aus.

15. Ordnen Sie alle Ihre Unterlagen zur bearbeiteten Lernsituation.

Lernsituation 8.2 Die Bearbeitung planen *Plan the machining*

Analysieren

Alle zur Organisation der Fertigung notwendigen Informationen werden der Steuerung durch das CNC-Programm zur Verfügung gestellt.

Das Programm spiegelt den gesamten Arbeitsplan konkret wider. Anders als bei der konventionellen Fertigung muss bei der CNC-Bearbeitung der Arbeitsplan vor Beginn der Fertigung vollständig und detailliert vorliegen.

```
%090210;Formplatte
N1 G54
N2 T3 TC1 M6; Schaftfräser 20
N3 F400 S1500 M13
N4 G0 X-2 Y-12 Z1
N5 G0 Z-5
N6 G41 G45 D16 X10 Y5
N7 G1 Y30
N8 G03 X10 Y60 R20
...
N33 G0 Z100 M9
N34 M30
```

1. Erläutern Sie am dargestellten Beispiel den Aufbau eines CNC-Programms.

Das Erstellen von CNC-Programmen erfolgt meist an einem PC-Programmierplatz, auf dem eine Software installiert ist, mit der das Programm erstellt und die Bearbeitung gefahrlos simuliert werden kann oder direkt an der Steuerung der Maschine.

2. Verschaffen Sie sich Kenntnisse über den Aufbau und die Wirkungsweise Ihrer CNC-Simulationssoftware und stellen Sie die wichtigsten Funktionen in einem Mindmap dar.

Planen

Hat die CNC-Steuerung keine Informationen über das verwendete Werkzeug, fährt sie den programmierten Zielpunkt der Bewegung mit ihrem Werkzeugträgerbezugspunkt T an. Die im CNC-Programm angegebenen Koordinatenwerte beschreiben jedoch die am Werkstück herzustellenden Formen. Um diese Werte miteinander in Beziehung setzen zu können, benötigt die Steuerung neben Angaben zum Werkstücknullpunkt Informationen über die Geometrie der im Programm aufgerufenen Werkzeuge.

3. Beschreiben Sie die Lage von Werkzeugträgerbezugspunkt T und Werkzeugeinstellpunkt E und erläutern Sie deren Aufgaben im Zusammenhang.

4. Kennzeichnen Sie an den dargestellten Werkzeugen normgerecht den Werkzeugeinstellpunkt, tragen Sie alle für die CNC-Steuerung wichtigen Messgrößen ein, und erläutern Sie das Prinzip der Werkzeuglängenkorrektur.

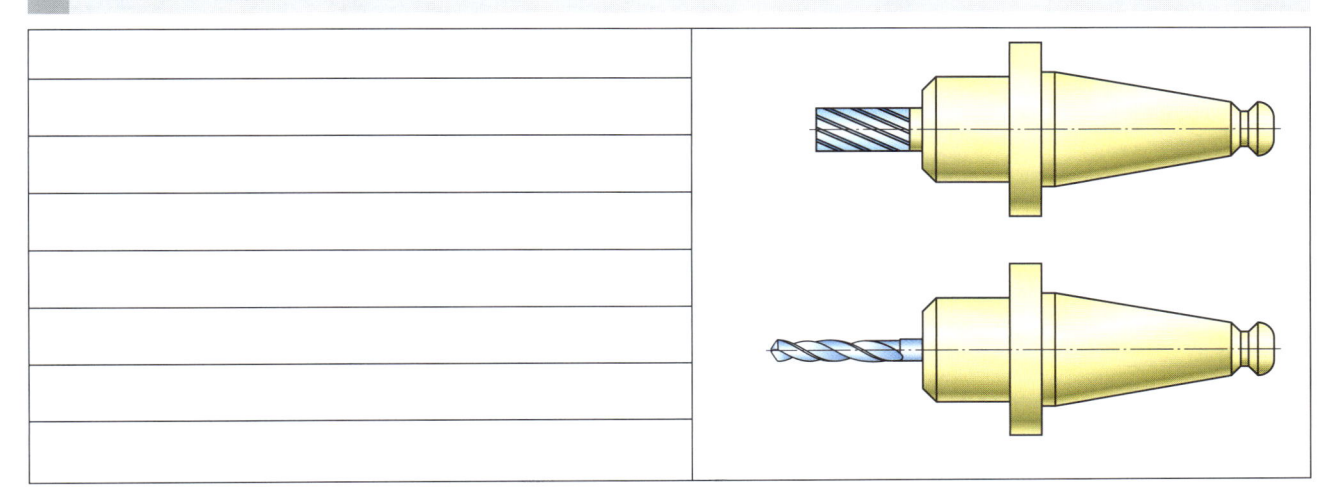

Durch das Verwenden der Fräserradiuskorrektur wird es u. a. möglich, die Fertigung von Innen- und Außenkonturen weitgehend werkzeugunabhängig zu programmieren.

5. Erläutern Sie die Funktionsweise der Fräserradiuskorrektur und begründen Sie die Notwendigkeit einer tangentialen Anfahr- bzw. Abfahrbewegung.

Die zu programmierenden Koordinatenwerte für Maße mit nichtsymmetrischen Toleranzfeldlagen müssen vom Facharbeiter berechnet werden.

6. Geben Sie unter Berücksichtigung der Toleranzangaben die zu programmierenden Werte für die Maße Ø 37,6 +0,4/–0,0, R23H10 und R34H10 an und begründen Sie Ihre Entscheidung.

7. Stellen Sie die an Ihrer CNC-Steuerung verfügbaren Fräs- und Bohrzyklen nach der Vorlage tabellarisch dar und erläutern Sie ihre Bedeutung und Verwendung.

Zyklus/G-Wort	Name	Erläuterung

Durchführen

Entscheidende Voraussetzung für das Schreiben des CNC-Programms ist ein exakt aufgestellter und vollständiger Arbeitsplan.

8. Ergänzen Sie den Arbeitsplan zur Herstellung des Grundkörpers (Vgl. S. 61).

Nr.	Arbeitsschritt	Werkzeug, Hilfsmittel, Hinweise
10	Rohteilmaße prüfen	Messschieber
20	Werkstück einspannen	
30	Werkstücknullpunkt setzen	Taster
40		
50		
60		
70		
80		
90		
100		
110	Maße prüfen	lt. Prüfplan
120	Werkstück abspannen	
130	Entgraten der Durchgangsbohrungen auf der Rückseite	Handentgrater

LS 8.2 Die Bearbeitung planen

Die Angaben zu den für die Fertigung ausgewählten Werkzeugen müssen präzisiert werden. Die Steuerung benötigt eine Vielzahl geometrischer und technologischer Informationen, um die Bearbeitung entsprechend dem Arbeitsplan organisieren zu können.

9. Übernehmen Sie aus dem Arbeitsplan die für die Fertigung ausgewählten Werkzeuge und ermitteln Sie alle erforderlichen technologischen Daten.

10. Vermessen Sie die Werkzeuge und ergänzen Sie den Werkzeugplan.

Werkzeugbezeichnung	Durchmesser d in mm	Zähnezahl z	Schneidstoff	Schnittgeschwindigkeit v_c in mm/min	Vorschub/Umdrehung f in mm	Vorschub/Zahn f_z in mm	Drehzahl n in min^{-1}	Vorschubgeschwindigkeit v_f in mm/min	Eintauchen ja/nein	Vorschubgeschwindigkeit v_f in mm/min beim Eintauchen	gemessene Werkzeuglänge L in mm	gemessener Werkzeugradius R in mm	Werkzeugnummer im Werkzeugspeicher	Werkzeugplatznummer im Werkzeugmagazin

Das Schreiben von CNC-Programmen kann in übersichtlichen Tabellen erfolgen. Mit dieser Methode wird der Schreibaufwand reduziert, da die Adressbuchstaben entfallen können. Gleichzeitig erhöht sich die Übersichtlichkeit der Darstellung.

11. Erstellen Sie nach der Vorlage eine Tabelle und schreiben Sie darin das CNC-Programm zur Fertigung des Grundkörpers.

Programm		Weginformationen								Schaltinformationen				Bemerkungen
Satz	Wegbe-dingungen	Koordinaten								Vorschub	Drehzahl	Werkzeug	Zusatz-funktionen	
N	G	X	Y	Z	I	J	R	D	V	F	S	T	M	

Beurteilen

12. Begründen Sie, warum beim Vermessen eines Fräsers die Maße des „größten Zahns" in den Werkzeugspeicher übernommen werden müssen.

13. Beurteilen Sie die Möglichkeit, Konturen ohne programmierte Fräserradiuskorrektur zu fertigen.

14. Erläutern Sie die Konsequenzen des Einsatzes von Bearbeitungszyklen.

15. Bewerten Sie das Eintragen von Werkzeugmaßen in den Werkzeugspeicher, die von den tatsächlichen Maßen abweichen.

16. Drucken Sie ggf. Ihre digital gespeicherten Dokumente eindeutig beschriftet aus.

17. Ordnen Sie alle Ihre Unterlagen zur bearbeiteten Lernsituation.

Lernsituation 8.3 Die Fertigung des Grundkörpers durchführen
Manufacturing a base body

Analysieren

Für das sichere Arbeiten mit der CNC-Werkzeugmaschine sind exakte Kenntnisse über die Funktionalität der Steuerung und den Aufbau des Bedientableaus notwendig.

1. Skizzieren Sie den Aufbau des Bedientableaus Ihrer Beispielsteuerung und benennen Sie die wichtigsten Bedienelemente.

2. Visualisieren Sie z. B. in einem Mindmap die unterschiedlichen Betriebsarten der Steuerung und die darin verfügbaren Befehle.

Planen

3. Nennen Sie Möglichkeiten, das Programm in der CNC-Steuerung verfügbar zu machen.

4. Wählen Sie ein zur Lösung der Fertigungsaufgabe geeignetes Spannmittel und ergänzen Sie eine Spannskizze.

5. Erläutern Sie die Bedeutung des Nullpunktsetzens am Werkstück.

Durchführen

6. Übertragen Sie das Programm vom PC-Arbeitsplatz an die CNC-Steuerung und simulieren Sie den Programmablauf.

7. Übernehmen Sie die Ergebnisse der Werkzeugvermessung in den Werkzeugspeicher.

8. Bestücken Sie dementsprechend das Werkzeugmagazin und ergänzen Sie den Werkzeugplan auf Seite 67.

9. Spannen Sie das Werkstück entsprechend Ihrer Spannskizze auf und setzen Sie mithilfe eines geeigneten Tasters den Werkstücknullpunkt an die vereinbarte Stelle.

10. Arbeiten Sie das CNC-Programm ab und fertigen Sie das Werkstück.

Beurteilen

11. Beurteilen Sie die manuelle Erfassung der Werkzeugmaße im Werkzeugspeicher und entwickeln Sie alternative Lösungen.

12. Vergleichen Sie den mechanischen 3D-Taster mit einem schaltenden Tastsystem.

13. Nennen Sie Möglichkeiten, wie der Bediener den Programmablauf während der Fertigung beeinflussen kann.

14. Erläutern Sie, welche Tätigkeiten Sie ausführen müssen, wenn es durch Werkzeugbruch zu Störungen bei der Bearbeitung kommt.

15. Fassen Sie die für den Facharbeiter wichtigsten Schritte beim Lösen der Aufgaben an der CNC-Werkzeugmaschine in einer Präsentation zusammen.

16. Drucken Sie ggf. Ihre digital gespeicherten Dokumente eindeutig beschriftet aus.

17. Ordnen Sie alle Ihre Unterlagen zur bearbeiteten Lernsituation.

Lernsituation 8.4 Die Fertigung des Grundkörpers prüfen und optimieren
Testing and optimizing the manufacturing of the base body

Analysieren

Zur Qualitätssicherung beim Fertigen des gesamten Loses von 100 Werkstücken wird entsprechend betriebsinterner Festlegungen nach einem vorgegebenen Prüfplan die Qualität jedes zehnten Werkstücks überprüft. So können Veränderungen der Maße, die vom Werkzeugverschleiß verursacht werden, rechtzeitig erkannt und korrigiert werden. Am ersten gefertigten Werkstück werden zusätzlich Maße geprüft, deren Einhaltung beweist, dass beim Schreiben des CNC-Programms, Einrichten der Maschine oder Vermessen der Werkzeuge keine Fehler gemacht wurden.

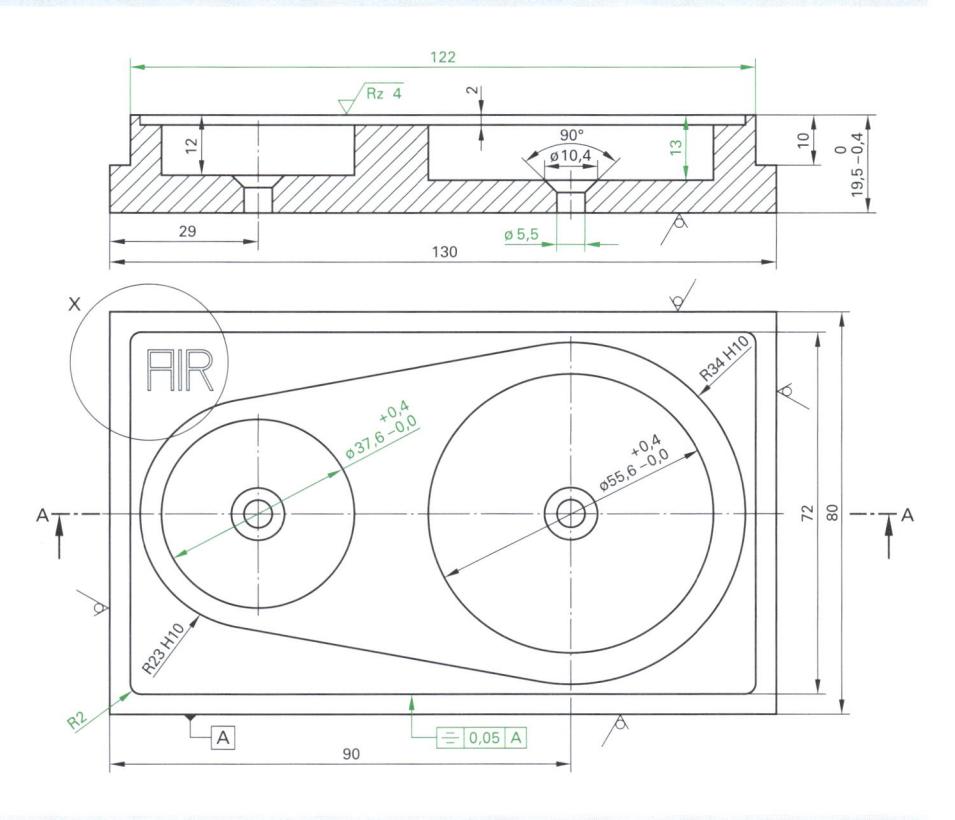

1. Nennen Sie mögliche Fehlerquellen, die beim Fertigen mit CNC-Maschinen auftreten können.

2. Übernehmen Sie die in Grün hervorgehobenen Zeichnungsangaben in die Tabelle auf der folgenden Seite und erläutern Sie die zu prüfenden Größen.

Planen

3. Berechnen Sie ggf. die Höchst- und Mindestmaße sowie die Toleranzmitte.

4. Wählen Sie geeignete Prüfmittel aus.

Durchführen

5. Prüfen Sie am bereitgestellten Werkstück die Qualität der Fertigung.

Beurteilen

6. Beurteilen Sie die Qualität der Fertigung, geben Sie für die konkreten Fehler mögliche Fehlerursachen an und schlagen Sie Maßnahmen zu deren Beseitigung vor.

7. Stellen Sie alle Arbeitsergebnisse in der Tabelle auf der folgenden Seite dar.

Zeichnungsangabe	Zu prüfende Größe	Höchstmaß in mm	Mindestmaß in mm	Toleranzmitte in mm	Prüfmittel	Istmaß in mm	Qualitätsstatus	Mögliche Ursache	Abhilfe

Betrieblicher Arbeitsauftrag *Production work order*

Die VEL Mechanik GmbH stellt für einen Kunden Grundkörper für unterschiedliche Messinstrumente her.

Sie erhalten den Auftrag den Grundkörper für ein Anzeigeelement in einer Losgröße von 50 Stück aus Stangenmaterial nach DIN EN 754-3 zu fertigen. Das Rohteil hat die Maße Ø 50 x 1500 und besteht aus AlMg3.

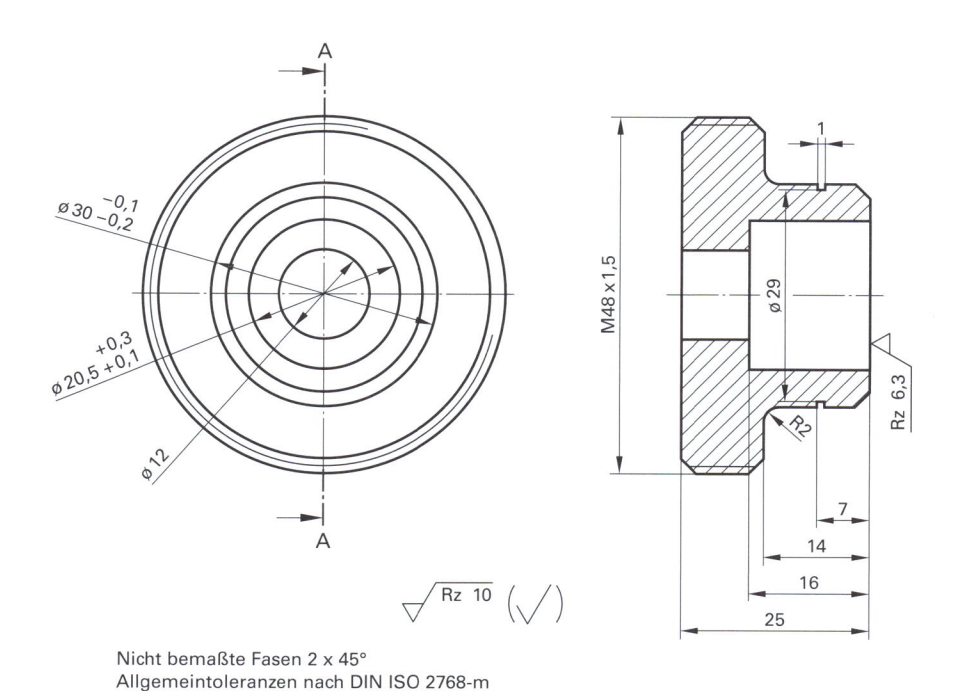

Nicht bemaßte Fasen 2 x 45°
Allgemeintoleranzen nach DIN ISO 2768-m

Lernsituation 8.5 — Die CNC-Fertigung eines Drehteils planen, durchführen und prüfen
Planning, realizing, and testing the CNC machining of a turned part

Analysieren

1. Nennen Sie zwei Möglichkeiten der internen Werkzeugvermessung an der CNC-Drehmaschine und beschreiben Sie das Vorgehen.

2. Beschreiben Sie die Notwendigkeit der Schneidenradiuskompensation beim Drehen.

3. Nennen Sie die an der Steuerung Ihrer CNC-Drehmaschine verfügbaren Bearbeitungszyklen und beschreiben Sie deren Verwendung.

4. Erläutern Sie das Prinzip und die Bedeutung der Unterprogrammtechnik.

LS 8.5 Die CNC-Fertigung eines Drehteils planen, durchführen und prüfen

Planen

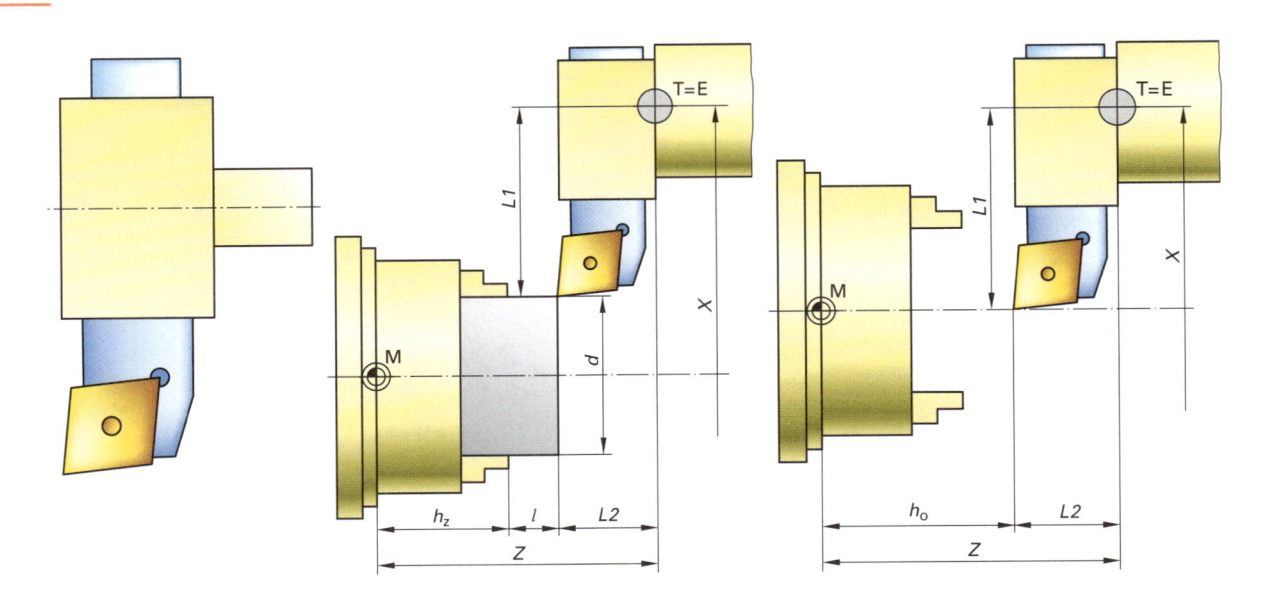

5. Kennzeichnen Sie am oben links dargestellten Drehwerkzeug normgerecht den Werkzeugeinstellpunkt und geben Sie alle für die CNC-Steuerung wichtigen Werte an.

6. Erläutern Sie diesbezüglich die Besonderheit beim Einsatz von Stechdrehmeißeln.

7. Benennen Sie die oben dargestellten Methoden der internen Werkzeugvermessung und stellen Sie anhand der Skizzen die Berechnungsvorschriften für die Bestimmung der in den Werkzeugspeicher übernommenen Werte $L1$ und $L2$ dar.

8. Erstellen Sie einen vollständigen Arbeits- und Werkzeugplan zur Herstellung des Grundkörpers und schreiben Sie das dazugehörige CNC-Programm nach DIN/PAL.

9. Ergänzen Sie das Einrichteblatt, indem Sie
    - die Werkstückdaten ergänzen,
    - die Spannskizze vervollständigen,
    - den Werkstücknullpunkt eintragen,
    - die Schutzzone festlegen und
    - das abzuarbeitende Programm festlegen.

Werkstoff	
Rohteilmaße	
Spannmittel	
Programm	

10. Erstellen Sie einen Prüfplan und ein entsprechendes Prüfprotokoll, mit denen die Qualität des Werkstücks über die Fertigung des gesamten Loses von 50 Stück gesichert und dokumentiert werden kann.

Mitte:	Rechts:

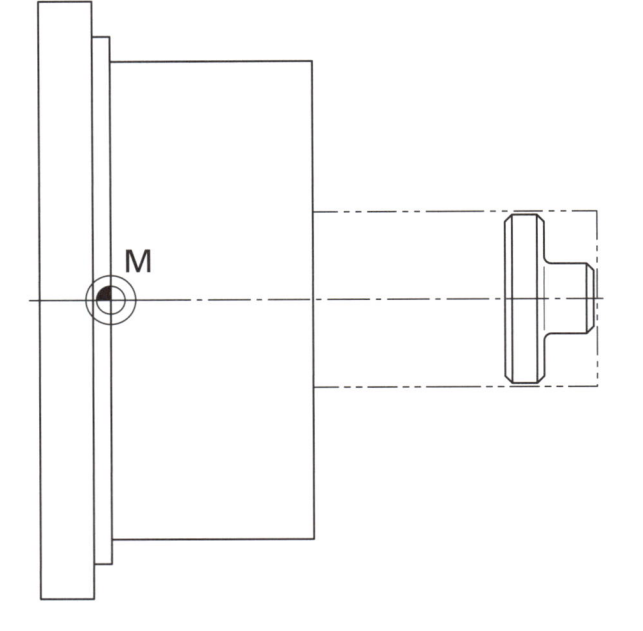

LS 8.5 Die CNC-Fertigung eines Drehteils planen, durchführen und prüfen

Durchführen

11. Vermessen Sie die ausgewählten Werkzeuge, ermitteln Sie die Schnittwerte und ergänzen Sie Ihren Werkzeugplan aus Aufgabe 8.

12. Tragen Sie alle erforderlichen Werte in den Werkzeugspeicher ein und bestücken Sie den Werkzeugrevolver.

13. Spannen Sie das Werkstück ein und berechnen Sie die Nullpunktverschiebung vom Maschinennullpunkt zum Werkstücknullpunkt. Geben Sie den Wert in der Spannskizze auf der vorigen Seite an und übernehmen Sie ihn in den Nullpunktspeicher.

14. Arbeiten Sie das CNC-Programm ab und erfüllen Sie den Fertigungsauftrag.

15. Prüfen und dokumentieren Sie unter Verwendung der in Aufgabe 10 erstellten Prüfunterlagen die Qualität Ihrer Fertigung.

Beurteilen

16. Vergleichen Sie die Methoden der internen und externen Werkzeugvermessung.

Das Verwenden von Bearbeitungszyklen und das Schreiben von Unterprogrammen führen zu einer höheren Effektivität bei der CNC-Programmierung.

17. Unterscheiden Sie die Anwendungsfälle.

18. Erläutern Sie die Auswirkungen fehlerhafter Eingaben von Schneidenradius und Schneidenlage in den Werkzeugspeicher.

19. Stellen Sie Ihre Vorgehensweise beim Erfüllen des betrieblichen Arbeitsauftrages in übersichtlicher Form dar.

20. Drucken Sie ggf. Ihre digital gespeicherten Dokumente eindeutig beschriftet aus.

21. Ordnen Sie alle Ihre Unterlagen zur bearbeiteten Lernsituation.

Betrieblicher Arbeitsauftrag *Production work order*

Die VEL Mechanik GmbH wird beauftragt, den Grundkörper in einer Losgröße von 5000 Stück zu fertigen. Aus diesem Grund und wegen der aktuellen Kostensituation sollen die Fertigung analysiert und nach Möglichkeiten der Optimierung gesucht werden. Ansatzpunkte sind für die Fertigung der Innenkontur die Vereinfachung der Fertigung und für die Außenkontur die Verwendung eines anderen Schruppzyklus.

Lernsituation 8.6 Die Fertigung der Außenkontur optimieren
Optimizing the manufacturing of an external contour

Analysieren

1a. Nennen Sie zum Fertigen der Außenkontur einsetzbare Bearbeitungszyklen.

Planen

2a. Informieren Sie sich über die Syntax der Bearbeitungszyklen Ihrer Steuerung und schreiben Sie die CNC-Programme für die unterschiedlichen Varianten zum Fertigen der Außenkontur.

Durchführen

3a. Simulieren Sie die Fertigung der Außenkontur nach allen Varianten, bestimmen Sie jeweils die Fertigungszeit t_E für ein Werkstück und ergänzen Sie Ihre Aussagen zu Aufgabe 1.

Beurteilen

4a. Vergleichen Sie die Fertigungsvarianten für die Außenkontur, treffen Sie eine Entscheidung und kennzeichnen Sie in Ihrer Lösung zu Aufgabe 1 Ihren Favoriten.

Lernsituation 8.7 Die Fertigung der Innenkontur optimieren
Optimizing manufactoring of an internal contour

Analysieren

Die Fertigung der Innenkontur kann nach der klassischen Strategie oder alternativ mittels zweier Wendeplattenbohrer (Ø12, Ø20) erfolgen. Für die Alternativlösung muss der Bohrer Ø20 neu beschafft werden.

1b. Recherchieren Sie den aktuellen Preis des Bohrers incl. notwendiger Wendeschneidplatten sowie die in Ihrem Unternehmen gültigen kalkulatorischen Kosten je Stunde in € K_h.

Anschaffungspreis (netto) N in €		kalkulatorische Kosten je Stunde in € K_h	

Planen

2b. Berechnen Sie den Querversatz des Bohrers zum Herstellen der Bohrung Ø20,5+0,3/+0,1.

3b. Schreiben Sie das Programm zum Fertigen der Innenkontur mit den Wendeplattenbohrern.

Durchführen

4b. Simulieren Sie die Fertigung der Innenkontur nach beiden Varianten und bestimmen Sie die Fertigungszeit t_E für ein Werkstück.

5. Kalkulieren Sie die Kosten für das Fertigen des gesamten Loses nach beiden Varianten.

6. Vergleichen Sie die Varianten, schlussfolgern Sie auf die Zweckmäßigkeit der Anschaffung und stellen Sie Ihre Arbeitsergebnisse visuell ansprechend dar.

LS 8.8 Die Fertigung eines Frästeils planen, durchführen, prüfen und optimieren

Betrieblicher Arbeitsauftrag *Production work order*

Die VEL Mechanik GmbH stellt Grundkörper für unterschiedliche Messinstrumente her. Ein Kunde möchte seine Produktpalette erweitern und benötigt zur Präsentation der Entwicklungsergebnisse ein Musterwerkstück.

Sie erhalten den Auftrag den neu entwickelten Grundkörper als Prototyp zu fertigen. Das bereitgestellte Rohteil hat die Maße 110 x 80 x 25. Die Fertigung ist als Mehrseiten-Bearbeitung zu organisieren.

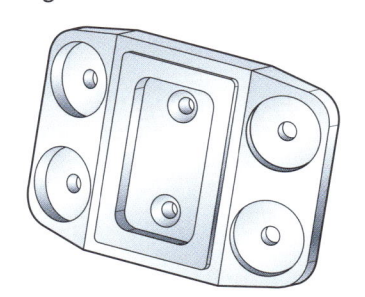

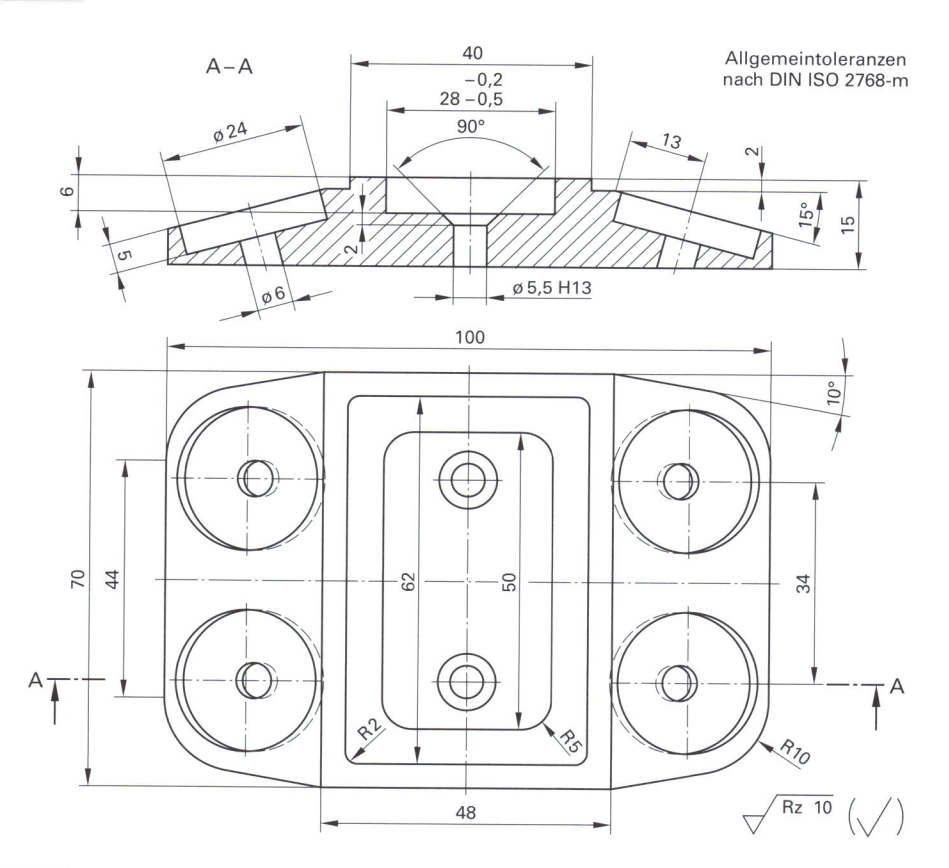

Lernsituation 8.8 Die Fertigung eines Frästeils planen, durchführen, prüfen und optimieren
Planning, realizing, testing and optimizing the manufacturing of a milled part

Analysieren

Zur Lösung der beschriebenen Fertigungsaufgabe wird eine CNC-Maschine mit steuerbaren Drehachsen eingesetzt. Die Drehachsen A, B, C sind den Linearachsen X, Y, Z eindeutig zugeordnet. Blickt man in die positive Richtung einer Linearachse, ist die Drehrichtung im Uhrzeigersinn die positive Richtung der Drehachse.

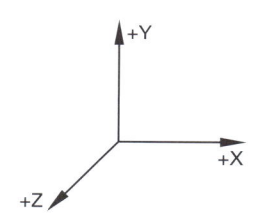

1. Ergänzen Sie die Drehachsen in der Darstellung des Koordinatensystems.

Auch in den Drehachsen erfolgt das Programmieren der Verfahrbewegungen unabhängig von der Maschinenkinematik. Der Programmierer gibt die notwendigen Befehle an und die Steuerung ermittelt daraus die entsprechend der Maschinenkinematik erforderlichen Bewegungen.

2. Geben Sie die an Ihrer Maschine verfügbaren Drehachsen mit ihren Verfahrwegen an.

Vor dem Schwenken wird der Werkstücknullpunkt zweckmäßig in einen Punkt der folgenden Bearbeitungsebene verschoben, da das Schwenken grundsätzlich nur um den aktuellen Werkstücknullpunkt erfolgt.

3. Ergänzen Sie den Werkstücknullpunkt in der oben dargestellten Fertigungszeichnung.

4. Legen Sie zweckmäßige Nullpunktverschiebungen fest, ergänzen Sie die oben dargestellte Zeichnung, definieren Sie die für die Bearbeitung erforderlichen Schwenkbewegungen und geben Sie an, wie diese an Ihrer Maschine realisiert werden.

LS 8.8 Die Fertigung eines Frästeils planen, durchführen, prüfen und optimieren

Planen

Nach dem Schwenken in die neue Arbeitsebene kann die Programmierung wie gewohnt fortgesetzt werden. Das Schwenken und die Besonderheiten von Maschinengeometrie und Maschinenkinematik bergen große Kollisionsgefahren und erfordern vom Facharbeiter eine hohe Aufmerksamkeit.

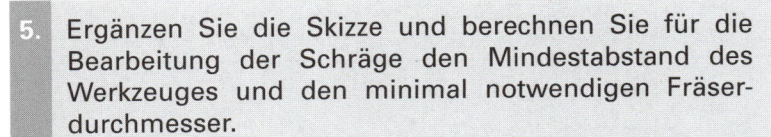

5. Ergänzen Sie die Skizze und berechnen Sie für die Bearbeitung der Schräge den Mindestabstand des Werkzeuges und den minimal notwendigen Fräserdurchmesser.

6. Legen Sie unter Berücksichtigung des gewählten Werkzeuges und des verwendeten Spannmittels die Y-Koordinate für die Bearbeitung der Schräge fest.

7. Erstellen Sie einen vollständigen Arbeits- und Werkzeugplan zur Herstellung des Grundkörpers.

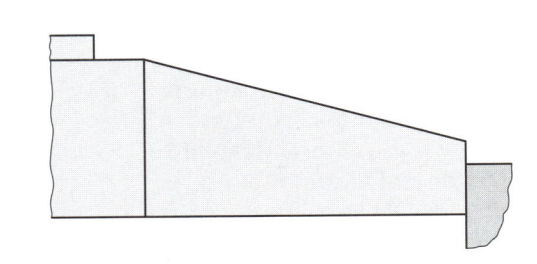

8. Erstellen Sie zur Fertigung des Grundkörpers CNC-Programme nach DIN/PAL, mittels CAM-System und mit einer Dialogsteuerung.

9. Erstellen Sie einen Prüfplan, mit dem die Qualität gesichert und dokumentiert werden kann.

Durchführen

10. Simulieren Sie die in Aufgabe 8 erstellten Programme.

11. Vervollständigen Sie Ihren Werkzeugplan aus Aufgabe 7, tragen Sie alle erforderlichen Werte in den Werkzeugspeicher ein und bestücken Sie das Werkzeugmagazin.

12. Spannen Sie das Werkstück ein, setzen Sie den Werkstücknullpunkt, arbeiten Sie eines der in Aufgabe 8 erstellten Programme ab und prüfen Sie abschließend die Fertigungsqualität.

Beurteilen

13. Vergleichen Sie Dialogprogrammierung, die Verwendung eines CAM-Systems und die Programmierung nach DIN/PAL hinsichtlich der Anforderungen an den Facharbeiter und des Ergebnisses.

	CAM-System	Dialogsteuerung	DIN 66025/PAL 2007
Softwarebedienung			
Programmierkenntnisse			
Größe des CNC-Programms			
Programmsyntax			
Verwendung			

14. Drucken Sie ggf. Ihre digital gespeicherten Dokumente eindeutig beschriftet aus.

15. Ordnen Sie alle Ihre Unterlagen zur bearbeiteten Lernsituation.

LS 8.9 Die Bearbeitung eines Dreh-/Frästeils planen und vorbereiten

Betrieblicher Arbeitsauftrag *Production work order*

Die VEL Mechanik GmbH erhält den Auftrag, das dargestellte Anschlussstück in Großserie zu fertigen. Sie sind beauftragt, die Fertigung zu planen und vorzubereiten. Das Werkstück ist aus Stangenmaterial Ø25 herzustellen. Als Werkstoff wird die Legierung CuZn36Pb3 verwendet. Die Fertigung ist als Komplettbearbeitung zu gestalten. Dazu steht eine CNC-Drehmaschine mit einem Werkzeugrevolver und angetriebenen Werkzeugen sowie Gegenspindel zur Verfügung.

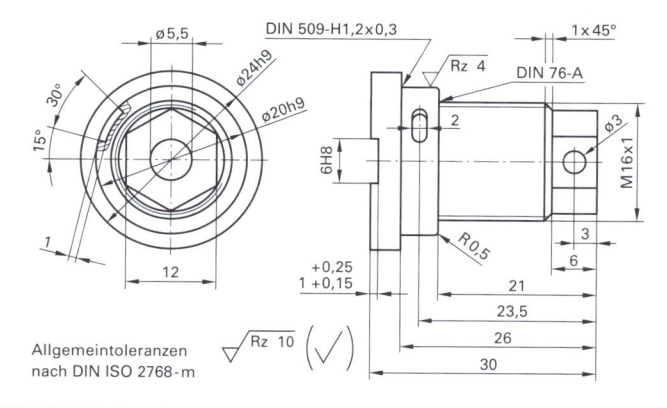

Lernsituation 8.9 Die Bearbeitung eines Dreh-/Frästeils planen und vorbereiten
Planning and preparing the machining of a turned and milled part

Analysieren

Die bereitgestellte Maschine besitzt keine reale Y-Achse, verfügt jedoch über eine steuerbare C-Achse, die viele erforderliche Verfahrbewegungen durch Interpolation mit der X- bzw. Z-Achse übernehmen kann. Die angetriebenen Werkzeuge sind radial bzw. axial angeordnet. Die Fräs- und Bohrbearbeitung auf Stirn-, Mantel- und Sehnenflächen kann deshalb ausschließlich in der XC-Ebene (G17) oder der ZC-Ebene (G19) erfolgen. Die Drehbearbeitung erfolgt in der ZX-Ebene (G18). C0 liegt in Richtung der positiven X-Achse.

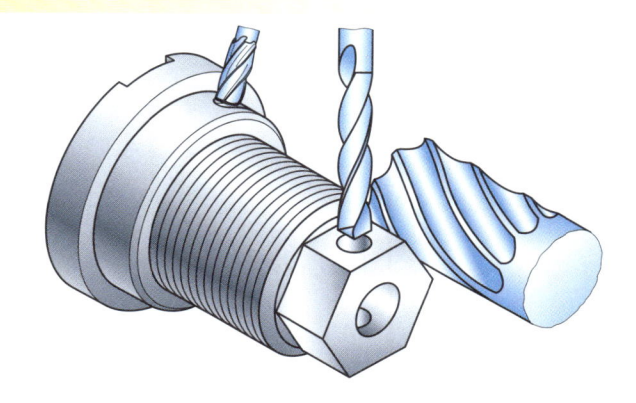

1. Ergänzen Sie die Darstellung, indem Sie die Bearbeitungsebenen und Achsrichtungen eintragen.
2. Ordnen Sie die für die Fertigung des Anschlussstücks erforderlichen Bohr- und Fräsbearbeitungen den in der Tabelle genannten Fertigungsvarianten zu und beschreiben Sie, welche Aufgaben mit der bereitgestellten Maschine nicht gelöst werden können.

	Bohren	Fräsen
Mantelfläche (ZC)		
Stirnfläche (XC)		
Sehnenfläche (ZY)		

Die Fertigungszeichnung enthält einige Angaben, die vor der Programmierung vom Facharbeiter noch analysiert und aufbereitet werden müssen.

3. Skizzieren und bemaßen Sie die in der Zeichnung sinnbildlich dargestellten Freistiche.
4. Bestimmen Sie Abmaße der ISO-Toleranzen und berechnen Sie die zu programmierenden Werte.
5. Berechnen Sie den Durchmesser, auf den das Werkstück am Sechskant 12 minimal vorbearbeitet werden darf.

LS 8.9 Die Bearbeitung eines Dreh-/Frästeils planen und vorbereiten

Planen

Die an der CNC-Maschine verfügbare Steuerung lässt alternativ zur C-Achse auch die Programmierung einer virtuellen Y-Achse zu. Dabei rechnet die Steuerung die programmierten Y-Koordinaten auf die Verfahrbewegungen der real vorhandenen Achsen um. Der Facharbeiter kann abhängig von der Fertigungsaufgabe und der Fertigungszeichnung entscheiden, wie er programmieren möchte.
Da die Fertigung des Sechskants an der bereitgestellten Maschine nur über die Stirnseite des Werkstücks möglich ist, erfolgt die Programmierung über die Angabe von X- und Y-Werten oder über die Polarkoordinaten. Als Werkzeug soll ein Schaftfräser verwendet werden.
Die Fertigung von Formelementen auf der Mantelfläche, wie z. B. der Nut kann über die Z-Koordinate und ebenso wahlweise über die Angabe des C- oder Y-Wertes erfolgen. Das Programmieren der virtuellen Y-Achse setzt das Abwickeln der Mantelfläche im definierten Durchmesser X voraus.
Die Vorschubgeschwindigkeit beim Fräsen auf der Mantelfläche ist eine Bahngeschwindigkeit. Ihre Größe ist abhängig vom bearbeiteten Werkstückdurchmesser. Wenn an einer CNC-Steuerung die Geschwindigkeit der Drehachsen als Winkelgeschwindigkeit programmiert wird oder die zu programmierende Bahngeschwindigkeit sich nicht auf die Werkzeugspitze bezieht, muss der Facharbeiter seine festgelegte Vorschubgeschwindigkeit umrechnen.

6. Zeichnen Sie maßstabsgerecht die abgewickelte Mantelfläche vom Ø20h9, tragen Sie die Koordinatenachsen ein und ermitteln Sie die C- und Y-Koordinaten zur Fertigung der Nut.

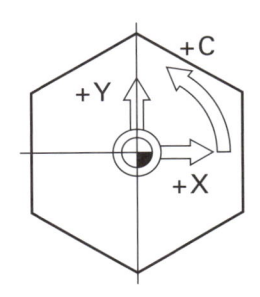

7. Berechnen Sie unter Beachtung des mathematischen Zusammenhangs für Ihre festgelegte Vorschubgeschwindigkeit die zu programmierende Winkelgeschwindigkeit.

8. Stellen Sie in der Skizze den Zusammenhang von X-, Y- und Polarkoordinaten dar und schreiben Sie die Programmteile zur Fertigung des Sechskants sowie der Nut nach beiden Varianten.

Das Anschlussstück wird nach Bearbeitung der 1. Seite in der Gegenspindel aufgenommen, aus der Hauptspindel herausgezogen und vom Stangenmaterial abgestochen. Die Fertigung der Nut 6H8 erfordert eine winkelgenaue Abnahme des Werkstücks durch die Gegenspindel. Alle diese Aufgaben werden durch den Einsatz eines Umspannzyklus erfüllt. Abschließend wird die 2. Stirnfläche des Werkstücks durch Plandrehen und Fräsen fertiggestellt.

9. Zeichnen Sie eine Spannskizze und erläutern Sie daran den Umspannzyklus Ihrer Steuerung.

Durchführen

10. Erstellen Sie einen Arbeits- und Werkzeugplan zur Herstellung des Anschlussstücks und schreiben Sie mithilfe Ihrer Simulationssoftware das zugehörige CNC-Programm nach DIN/PAL.

Beurteilen

11. Beschreiben Sie die Einsatzkriterien von CNC-Drehmaschinen mit angetriebenen Werkzeugen.

12. Erläutern Sie die Vorteile der Verwendung von virtueller und realer Y-Achse an CNC-Drehmaschinen.

13. Drucken Sie ggf. Ihre digital gespeicherten Dokumente eindeutig beschriftet aus und ordnen Sie alle Ihre Unterlagen zur bearbeiteten Lernsituation.

LS 9.1 Feinbearbeitung von Spannbacken 81

LF 9 — **Herstellen von Bauelementen durch Feinbearbeitungsverfahren** *Using fine-machining processes to manufacture building elements*

Betrieblicher Arbeitsauftrag *Production work order*

In der VEL Mechanik GmbH werden neben anderen Spannmitteln auch Spannbacken hergestellt. Die Feinbearbeitung der Planflächen erfolgt durch Planschleifen auf der nebenstehend dargestellten Flachschleifmaschine. Die Spannbacken sind bereits gefräst und gebohrt. Bei nur noch geringer Abtragsleistung müssen nun die Passflächen mit den geforderten Maßgenauigkeiten und Oberflächenqualitäten gefertigt werden. Es sollen 100 Spannbacken für betriebsintern eingesetzte Werkzeugmaschinen hergestellt werden.

Zur Überprüfung der Fertigungsergebnisse sind geeignete Verfahren zur Maß- und Oberflächenprüfung auszuwählen und anzuwenden.

Lernsituation 9.1 Feinbearbeitung von Spannbacken
Fine-machining of clamping jaws

Analysieren

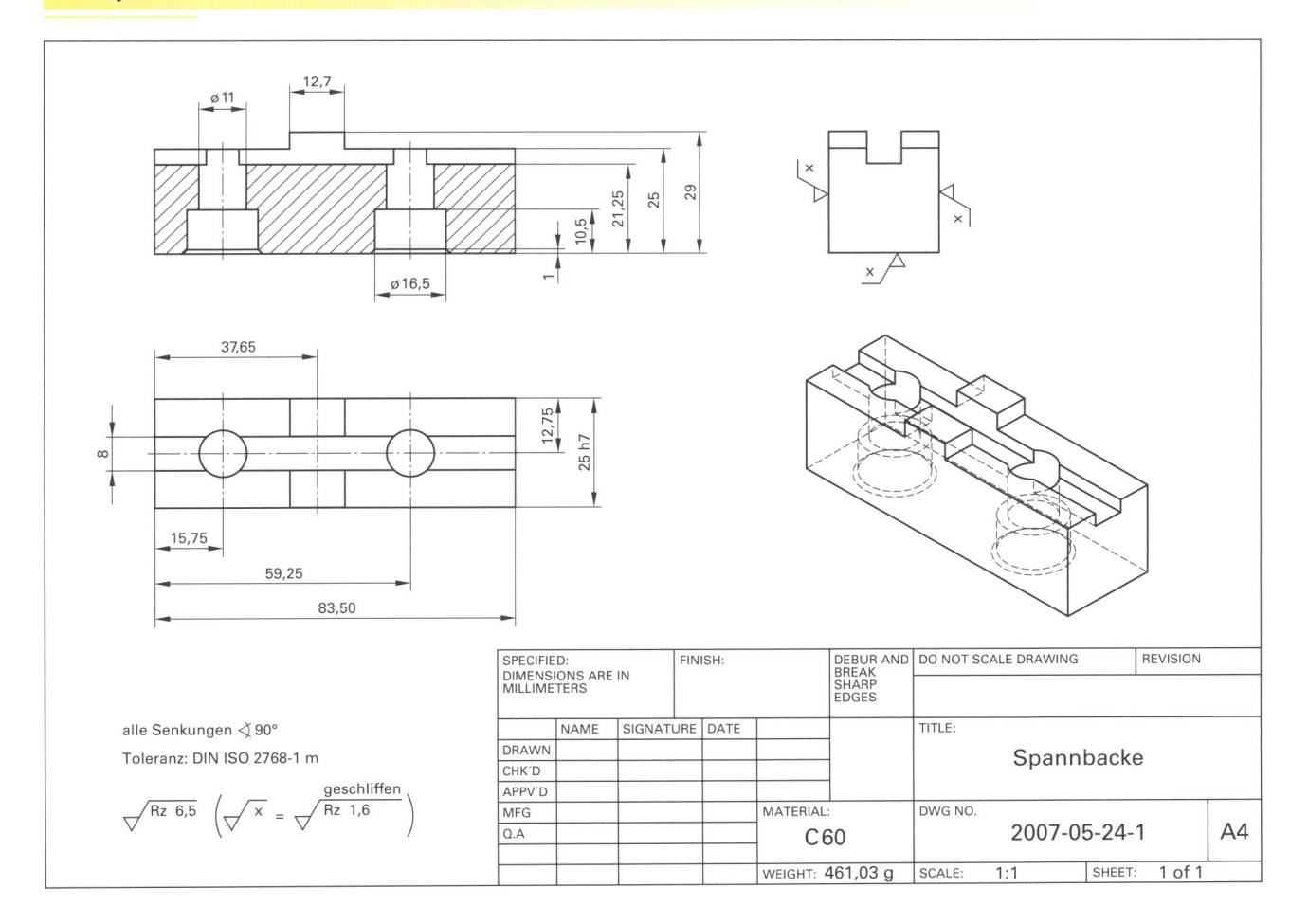

Zeichnung Spannbacke:
- ø 11; 12,7; 21,25; 25; 29; 10,5; 1; ø 16,5
- 37,65; 15,75; 59,25; 83,50; 8; 12,75; 25 h7
- alle Senkungen ⊄ 90°
- Toleranz: DIN ISO 2768-1 m
- √Rz 6,5   (√x = √Rz 1,6 geschliffen)

	NAME	SIGNATURE	DATE		TITLE:		
DRAWN					Spannbacke		
CHK'D							
APPV'D							
MFG				MATERIAL:	DWG NO.		
Q.A				C60	2007-05-24-1		A4
				WEIGHT: 461,03 g	SCALE: 1:1	SHEET: 1 of 1	

SPECIFIED: DIMENSIONS ARE IN MILLIMETERS — FINISH: — DEBUR AND BREAK SHARP EDGES — DO NOT SCALE DRAWING — REVISION

LS 9.1 Feinbearbeitung von Spannbacken

Der Facharbeiter sichtet alle Unterlagen zum Auftrag und verschafft sich Informationen über die Art des Bauteils, Losgröße, Werkstoff sowie Maße, Maßgenauigkeit und Oberflächengüte.

1. Analysieren Sie die Gesamtzeichnung und notieren Sie sich alle o. g. Informationen.

2. Überlegen Sie, wie die Fertigung und die Prüfung erfolgen sollen.

3. Tragen Sie die Sicherheitsbestimmungen beim Schleifen zusammen.

Auszug aus der **Betriebsanleitung** der Flachschleifmaschine

1. Arbeiten an der Maschine dürfen nur von zuverlässigem Personal durchgeführt werden.
2. Es ist nur geschultes oder unterwiesenes Personal einzusetzen; Zuständigkeiten des Personals für das Bedienen, Rüsten, Warten und Instandsetzen sind klar festzulegen.
3. Es ist sicherzustellen, dass nur dazu beauftragtes Personal an der Maschine tätig wird.
4. Zu schulendes, einzuweisendes oder im Rahmen der Ausbildung befindliches Personal darf nur unter ständiger Aufsicht einer geschulten und erfahrenen Person an der Maschine tätig werden.
5. Arbeiten an elektrischen Ausrüstungen der Maschine dürfen nur von einer Elektrofachkraft oder von unterwiesenem Personal unter Leitung und Aufsicht einer Elektrofachkraft gemäß den elektrotechnischen Regeln vorgenommen werden.
6. Sind Arbeiten an spannungsführenden Teilen notwendig, ist eine zweite Person hinzuzuziehen, die im Notfall den Hauptschalter mit Spannungsauslösung betätigt. Der Arbeitsbereich ist mit einer rotweißen Sicherungskette und einem Warnschild abzusperren.

Planen

Auswahl des Fertigungsverfahrens:

Aufgrund der Angaben in der Zeichnung entscheidet sich der Facharbeiter, die Spannbacken durch Planschleifen herzustellen.

Auswahl des Schleifwerkzeuges:

Die Schleifresultate hängen in hohem Maße von der Wahl der richtigen Schleifscheibe und deren optimalem Einsatz ab.

Aufgrund des Werkstoffs und der geforderten Oberflächengüte entscheidet sich der Facharbeiter für die genormte Schleifscheibe DIN 69120 – 1 A – 250x40x120 – A 120 K 4 BF – 63.

4. Werten Sie die Normangabe der Schleifscheibe erläuternd aus.

LS 9.1 Feinbearbeitung von Spannbacken

Nach der Auswahl des Werkzeuges und der Maschine erstellt der Facharbeiter den Arbeitsplan zur Fertigung der 100 Spannbacken.

Zum Erstellen des Arbeitsplanes stellt er folgende Vorüberlegungen an:.
Die Werkstücke wurden mit dem Schleifaufmaß 83,5 x 25,5 x 29,5 vorgefertigt. Bei den nur sehr geringen Toleranzen werden die zu schleifenden Flächen nicht auf Toleranzmitte, sondern auf Höchstmaß geschliffen, um gegebenenfalls noch Raum für Nacharbeit zu haben.

5. Der Facharbeiter hat bereits ermittelt, dass der Hersteller der Schleifscheibe eine Vorschubgeschwindigkeit von v_f = 10 m/min bei einer Schnittbreite von a_p = 20 mm empfohlen hat. Nach Überprüfung der Maschinenparameter und einer zulässigen Höchstumfangsgeschwindigkeit der Scheibe entschließt sich der Facharbeiter für eine Schnittgeschwindigkeit beim Vorschleifen von v_{c1} = 30 m/s und beim Fertigschleifen von v_{c2} = 45 m/s.
Berechnen Sie die weiteren notwendigen Fertigungsparameter für den Arbeitsplan.

gegeben:
- Schnittgeschwindigkeit zum Vorschleifen $\quad v_{c1} = 30\,\dfrac{m}{s}$
- Schnittgeschwindigkeit zum Fertigschleifen $\quad v_{c2} = 45\,\dfrac{m}{s}$
- Vorschubgeschwindigkeit $\quad v_f = 10\,\dfrac{m}{min}$
- Schnittbreite $\quad a_p = 20\,mm$
- Schleifscheibendurchmesser $\quad d_s = 250\,mm$

gesucht:
- Drehzahl der Schleifscheibe $\quad n_s$ in $\left(\dfrac{1}{min}\right)$
- Hubzahl des Tisches $\quad n_H$ in $\left(\dfrac{1}{min}\right)$
- Arbeitseingriff/Zustellung $\quad a_e$ in (mm)

Lösung:

Vorschleifen:

$$n_s = \dfrac{v_{c1}}{\pi \cdot d}$$

Fertigschleifen:

$$n_s = \dfrac{v_{c2}}{\pi \cdot d}$$

Hubzahl des Tisches:

$$n_H = \dfrac{v_f}{L} \qquad L = l_w + l_a + l_ü$$

Arbeitseingriff:

lt. Tabellenbuch gewählt:

Schruppen:

Schlichten:

6. Erstellen Sie den Arbeitsplan zur Fertigung der Spannbacken nach dem folgenden Muster.

Arbeitsplan: Schleifen
Maße nach dem Fräsen: 83,5 x 25,5 x 29,5
Kühlschmierstoff: SEMW 20 %

Werkstück: Spannbacke
Werkstoff: C60 (normalgeglüht)

Nr.	Arbeitsschritt	Werkzeug/ Spannmittel	Prüfmittel/ Bemerkungen	Fertigungsparameter					
				$a_p = f$ mm	a_e mm	v_f m/min	n_S 1/min	n_H 1/min	i
10	Prüfen der Maße		digitale Bügelmessschraube						
20	Rohling spannen (auf 83,5 x 29,5)	Magnetspanntisch							

LS 9.1 Feinbearbeitung von Spannbacken

Durchführen

Der Facharbeiter bearbeitet den Fertigungsauftrag gemäß dem Arbeitsplan an der Flachschleifmaschine. Während der Fertigung beobachtet er ständig den Prozess und überwacht die Ergebnisse.

Schleifresultate
Die Schleifresultate hängen maßgeblich von der Schleifscheibenauswahl und dem optimalen Einsatz der gewählten Scheibe ab. So sollte z. B. für eine feine Oberfläche eine Schleifscheibe mit feiner Körnung gewählt werden.

7. Interpretieren Sie das nebenstehende Foto.

Bei der Schleifbearbeitung kann es zu Fehlern am Werkstück kommen. Nebenstehend werden einige Beispiele aufgeführt.

Perfekte Oberflächenbearbeitung
Wenn kein optimales Schliffbild erzeugt wird, liegen häufig Unzulänglichkeiten oder Fehlerquellen vor.

Verzug (Verformung) des Werkstücks
Ursachen sind in der Regel:
- Senkrechtzustellung zu groß,
- Längs- und Querbewegung des Tisches zu langsam,
- Schleifscheibe ist stumpf oder verstopft.

Brandspuren oder Schleifrisse
- Zu harte Schleifscheibe,
- Schleifscheibe ist stumpf oder verstopft.

8. Listen Sie mögliche Fehlerquellen auf, die dazu führen, dass das Schliffbild nicht den geforderten Anforderungen entspricht.

LS 9.1 Feinbearbeitung von Spannbacken

Nass-Schleifen

Das Nass-Schleifen bietet für die meisten Werkstücke Vorteile.

9. Nennen Sie die Vorteile des Nass-Schleifens durch den Einsatz eines optimal ausgewählten Kühlschmierstoffs.

Schleiffehler und ihre Ursachen (Auswahl)

Schleiffehler	Ursachen
Rattermarken	• Arbeitstisch läuft ungleichmäßig • falsche Schleifscheibe • Schleifscheibe nicht abgerichtet • Spiel in der Schleifspindel
Kleine flache Vertiefungen auf der Werkstückoberfläche	• Zustellung zu groß • Schleifscheibe zu hart • Schwingungen im Gebäude, z. B. durch Fahrzeuge oder Kräne
Kommaähnliche Markierungen auf der Werkstückoberfläche	• Kühlschmiermittel verschmutzt • Schleifscheibe splittert ab
Brandmarkierungen auf der Werkstückoberfläche	• Schleifscheibe stumpf oder verstopft • Tischgeschwindigkeit zu langsam • mangelnde Kühlung

Vielfach sind den Bedienungsanleitungen der Maschinenhersteller wichtige Informationen zum richtigen Umgang beim Einsatz von Kühlschmierstoffen zu entnehmen, siehe nachfolgenden Auszug.

> **Die Maschine darf nicht zum Schleifen von Leichtmetallen, wie leicht entzündliche Aluminium-Legierungen oder Magnesium, eingesetzt werden, es sei denn, der Betreiber verwendet nach Absprache mit dem Hersteller der Maschine eine Spezialausrüstung!**
>
> **Des Weiteren darf ohne Zusatzausrüstung auch nicht mit brennbaren Kühlschmierstoffen (Öl usw.) gearbeitet werden!**

Beurteilen

Der Facharbeiter prüft zunächst die Längenmaße mit einer digitalen Bügelmessschraube. Anschließend wird mithilfe eines Tastschnittgerätes die Oberflächenqualität geprüft. Sind die Ergebnisse in Ordnung kann die Produktion der 100 Spannbacken freigegeben werden. Für eine zeitsparende Wiederholbarkeit des Auftrages werden alle entwickelten Fertigungsunterlagen (Zeichnungen, Arbeitspläne, Prüfpläne, Materialbestellung usw.) archiviert. Da die Fertigungsunterlagen in der Regel in digitalisierter Form vorliegen, können diese abgespeichert werden, dabei sollte auch an externe Speicherung gedacht werden um einem Datenverlust entgegenzuwirken.

10. Welche Maße haben bei der Prüfung die höchste Priorität?

Betrieblicher Arbeitsauftrag *Production work order*

In der VEL Mechanik GmbH werden seit kurzer Zeit Kupplungsflansche mit einer kegeligen Bohrung hergestellt. Da diese Bohrung von besonderer Bedeutung für die einwandfreie Funktion der Kupplung ist, gilt es deren Maßhaltigkeit und Form exakt zu prüfen. Um die Prüfung zu optimieren, entschließt sich die Produktionsleitung einen Kegellehrdorn einzusetzen. Der Arbeitsauftrag umfasst die Herstellung des Kegellehrdorns zum Prüfen der kegeligen Bohrung des Kupplungsflansches.

Da die Fertigungsmöglichkeiten vorhanden sind, beschließt die Produktionsleitung diesen Kegellehrdorn selbst herzustellen und gegebenenfalls in kleiner Serie zu verkaufen, wenn sich ein Interesse am Markt ergibt.

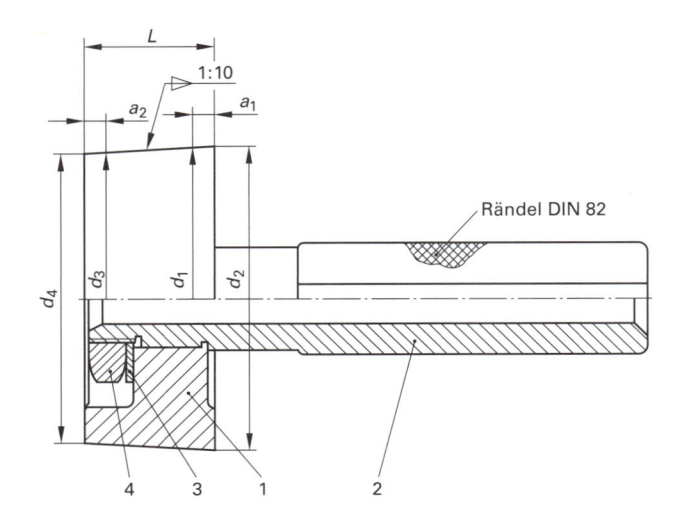

Lernsituation 9.2 Herstellen eines Kegellehrdornes *Manufacture a cone mandril gauge*

Analysieren

Position	Menge	Bezeichnung	Werkstoff/Normbezeichnung	Bemerkung
1	1	Lehrdorn	C60	vergütet
2	1	Lehrengriff	S235JRG2	
3	1	Scheibe	DIN EN ISO 7091- 24- 100HV	
4	1	Sechskantmutter	DIN EN ISO 8675- M24x2- 04	

1. Beschreiben Sie Aufbau und Funktion des Kegellehrdornes.

2. Was verstehen Sie unter der Kegelverjüngung?

3. Erläutern Sie, warum Kegellehrdorne meist in der Serienfertigung eingesetzt werden.

LS 9.2 Herstellen eines Kegellehrdornes

4. Welche Angaben lassen sich aus den Normbezeichnungen der Sechskantmutter und der Scheibe entnehmen?

5. Ausgehend vom Durchmesser $d_4 = 70$ mm, $a_1 = a_2 = 6$ mm, Kegellänge 40 mm und C = 1 : 10 sind die Durchmesser d_1, d_2 und d_3 zu berechnen.

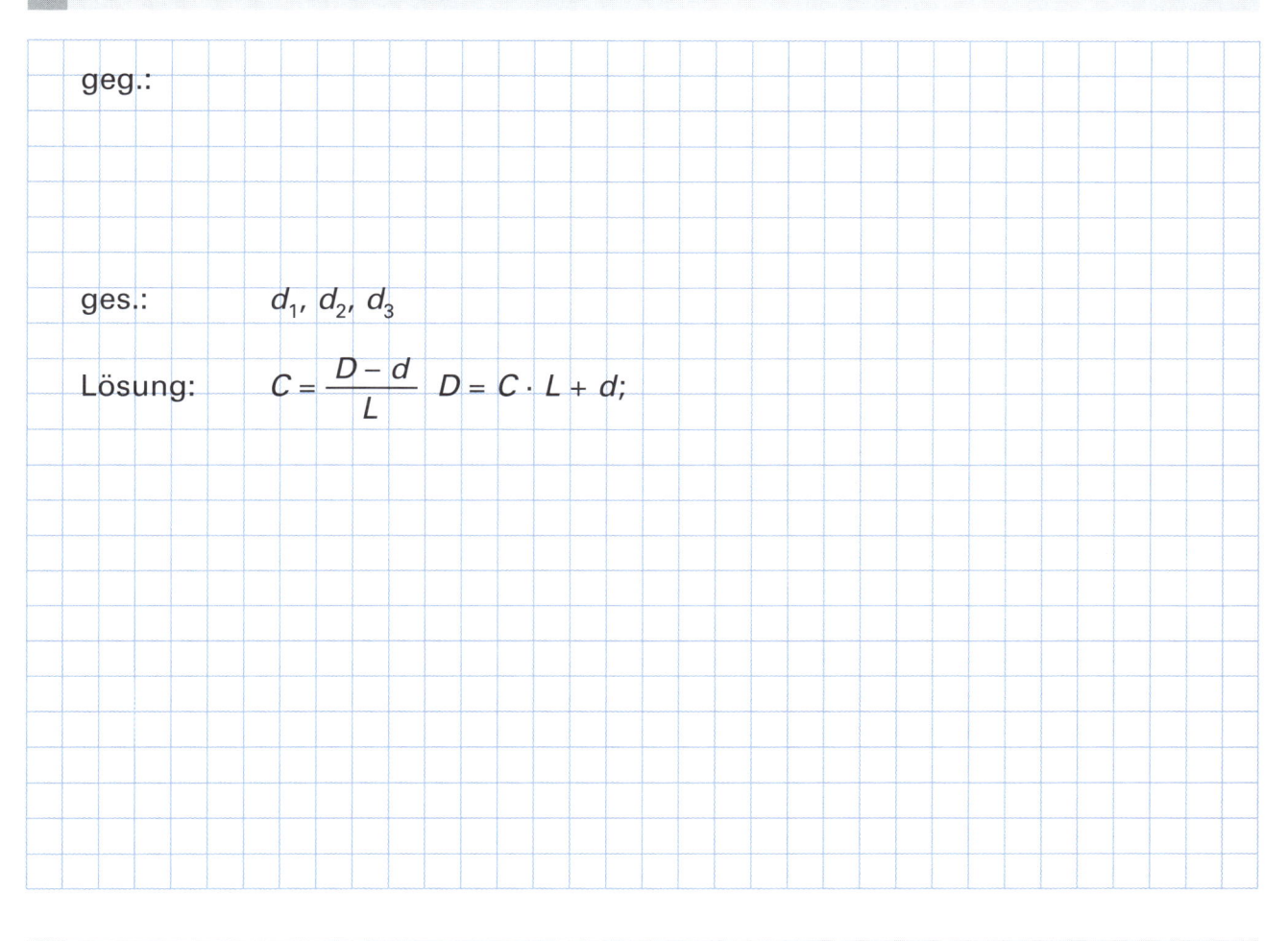

geg.:

ges.: d_1, d_2, d_3

Lösung: $C = \dfrac{D - d}{L}$ $D = C \cdot L + d;$

6. Fertigen Sie eine Werkstattzeichnung des Lehrdorns Position 1 als Halbschnitt an. Legen Sie die erforderlichen Oberflächenqualitäten fest und bemaßen Sie die Zeichnung fertigungsgerecht. Alle Außenkonturen sind gehärtet und angelassen 64 + 4 HRC, Eht = 1,2 + 0,8.
Die Durchmesser der Aussparungen betragen 60 mm, die Tiefen links 12 mm und rechts 2 mm. Die Fase hat eine Größe von 2 x 45°. Die Bohrung erhält das ISO Passmass 25 H7. Alle Innenradien betragen 2 mm, es gelten die Allgemeintoleranzen DIN EN ISO 2768-1 f. Der Maßstab ist frei wählbar.

LS 9.2 Herstellen eines Kegellehrdornes

Planen

7. Alle Einzelteile des Kegellehrdornes sind vorgearbeitet bzw. Normteile. Ihnen obliegt nur die Fertigung des Lehrdornes Position 1. Überlegen Sie, mit welchen Feinbearbeitungsverfahren die kegelige Mantelfläche und das Innenpassmaß bearbeitet werden können.

8. Aufgrund der Form der zu bearbeitenden Flächen sowie der geforderten Oberflächenqualität und Maßgenauigkeit bieten sich das Innenrundschleifen und das Außenrundschleifen an. Wählen Sie geeignete Werkzeuge aus. Erklären Sie die Normbezeichnungen der von Ihnen gewählten Werkzeuge.

Außenrundschleifen	Innenrundschleifen

9. Erstellen Sie einen Arbeitsplan für das Innen- und Außenrundschleifen nach dem folgenden Muster. Wählen Sie dabei die Fertigungsdurchmesser bzw. Aufmaße aus, die mit den vorgelagerten Fertigungsschritten hergestellt werden sollen. Berechnen Sie die einzelnen Fertigungsparameter und fügen Sie exemplarisch je eine Berechnung für die beiden Schleifverfahren in Ihre Dokumentation ein.

Arbeitsplan: Maße: Kühlschmierstoff:				Werkstück: Kegellehrdorn Werkstoff: C60 (normalgeglüht) Bearbeiter:			
Nr.	Arbeitsschritt Skizze	Werkzeug/ Spannmittel	Prüfmittel/ Bemerkungen	Fertigungsparameter			
				n_s/n_w 1/min	t_V/t_F mm	a_{eV}/a_{eF} mm	f_V/f_F mm
1	Überprüfung der Maße nach dem Drehen		Bügelmessschraube digital 50 mm...75 mm 75 mm...100 mm Innenmessschraube digital 0 mm...25 mm	–	–	–	–

LS 9.2 Herstellen eines Kegellehrdornes

Der Konstrukteur Ihrer Firma schlägt alternativ die Fertigung eines Kegellehrdornes anderer Bauart wie in der unten stehenden Zeichnung vor.

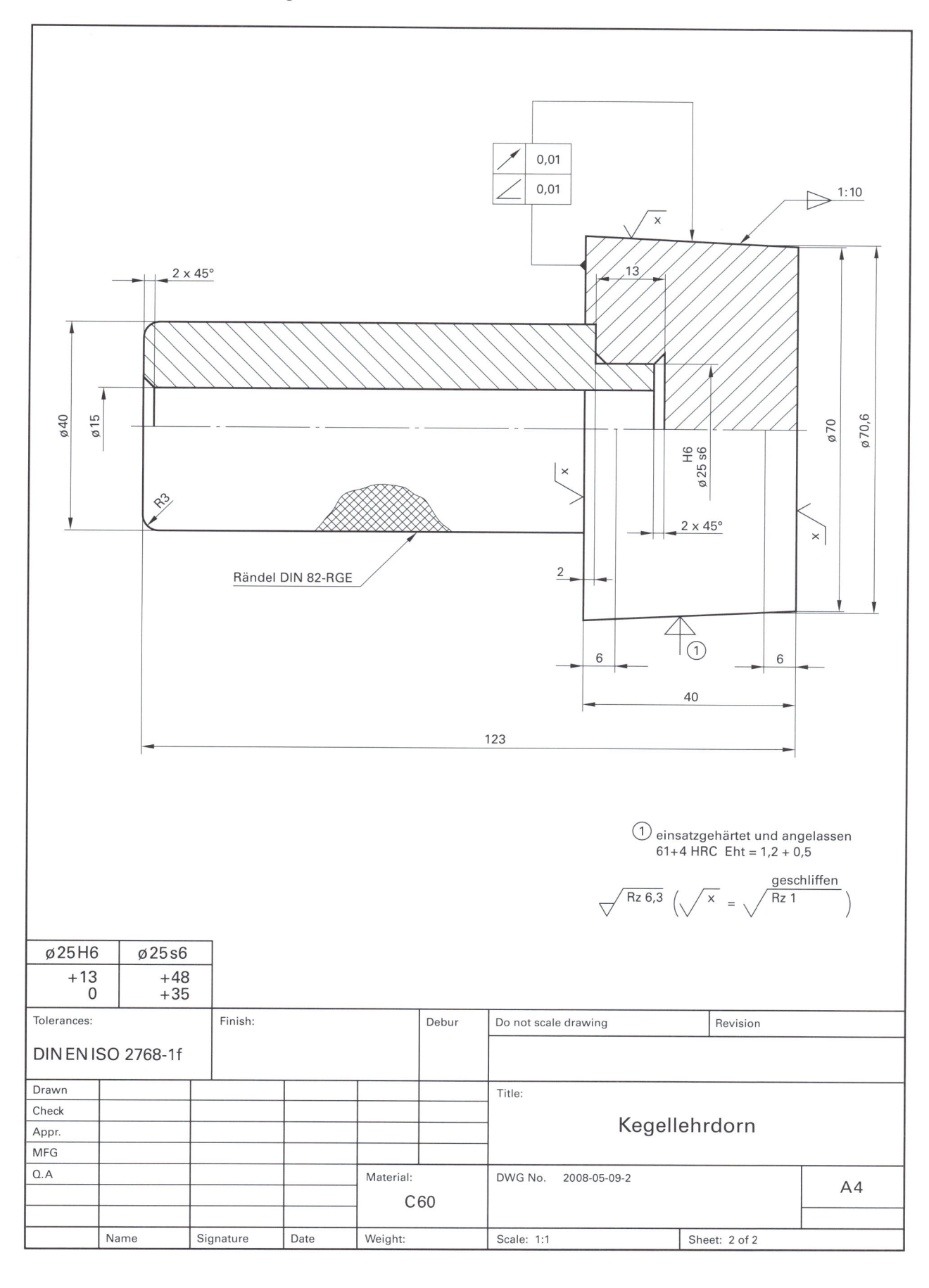

⌀25 H6	⌀25 s6
+13	+48
0	+35

Tolerances: DIN EN ISO 2768-1f	Finish:	Debur	Do not scale drawing	Revision	
Drawn				Title:	
Check					Kegellehrdorn
Appr.					
MFG					
Q.A			Material: C60	DWG No. 2008-05-09-2	A4
	Name	Signature	Date	Weight:	Scale: 1:1	Sheet: 2 of 2

① einsatzgehärtet und angelassen
61+4 HRC Eht = 1,2 + 0,5

$\sqrt{Rz\ 6{,}3}\ \left(\sqrt{x} = \sqrt{\genfrac{}{}{0pt}{}{geschliffen}{Rz\ 1}}\right)$

Rändel DIN 82-RGE

LS 9.2 Herstellen eines Kegellehrdornes

10. Analysieren Sie die technische Zeichnung auf der vorherigen Seite.

11. Erläutern Sie die konstruktiven Unterschiede dieses Lehrdornes im Vergleich zu dem zuerst geplanten Kegellehrdorn. Nennen Sie die Vor- und Nachteile beider Ausführungsvarianten.

Durchführen

Bevor die Fertigung beginnen kann, muss die Maschine mit der vorgesehenen Schleifscheibe bestückt werden. Das Aufspannen der Schleifscheibe darf nur von fachkundigem Personal durchgeführt werden. Die nachweispflichtige Qualifikation muss vorhanden sein. Im nebenstehenden Bild führt der Facharbeiter das statische Auswuchten der Schleifscheibe durch.

12. Erstellen Sie einen Spannplan zum Aufspannen der Schleifscheibe, der den Sicherheitsanforderungen entspricht. Hierbei ist die richtige Reihenfolge der einzelnen Schritte zu beachten.

LS 9.2 Herstellen eines Kegellehrdornes

13. Begründen Sie, warum für harte Werkstoffe weiche Schleifscheiben und für weiche Werkstoffe harte Schleifscheiben eingesetzt werden.

Beurteilen

14. Erstellen Sie einen Prüfplan für den als Einzelteil gefertigten Lehrdorn, in dem alle für die Funktion notwendigen Maße enthalten sind. Beachten Sie dabei neben der Prüfung der Maßhaltigkeit auch die geforderte Oberflächenqualität und die Lagetoleranzen.

Prüfmerkmal	Nennmaß	Toleranz	Prüfmittel	Bemerkungen
Gesamtlänge	40 mm	± 0,1 mm	Messschieber	
Durchmesser D	74 mm	± 0,15 mm	Bügelmessschraube Messbereich 25 mm...75 mm	• ggf. Grat entfernen

Ihre Geschäftsleitung hat die Überlegung, bei entsprechender Nachfrage auf dem Markt den Kegellehrdorn in kleiner Serie zu fertigen. Sollte es zu dieser Entscheidung kommen, muss unter Beachtung der Wirtschaftlichkeit das Prüfen der Werkstücke optimiert werden.

15. Überlegen Sie, in welcher Form die Endmaßkontrolle für eine Serienfertigung optimiert werden könnte. Welche Änderungen schlagen Sie für Ihren Prüfplan vor?

16. Erstellen Sie aus Ihrer Aufgabenlösung eine Präsentation und stellen Sie diese im Plenum vor.

LS 9.3 Feinbearbeitung eines Einspritzzylinders

Betrieblicher Arbeitsauftrag *Production work order*

Ein Hersteller von Spritzgießmaschinen will den Einspritzzylinder von einem Zulieferer fertigen lassen. Dieser Zylinder findet Anwendung nach dem Erwärmen und Plastifizieren des Granulates. Durch diesen Zylinder wird die flüssige Kunststoffmasse mit hohem Druck in die Form gespritzt.

Für den reibungslosen Prozess des Spritzgießens sind die exakte Form der Bohrung sowie deren Maßhaltigkeit und Oberflächenqualität von besonderer Bedeutung.

Die Geschäftsleitung der VEL Mechanik GmbH ist an diesem Auftrag interessiert und beschließt an der Ausschreibung zur Fertigung dieses Einspritzzylinders teilzunehmen.

Lernsituation 9.3 Feinbearbeitung eines Einspritzzylinders
Fine-machining of injection cylinders

Analysieren

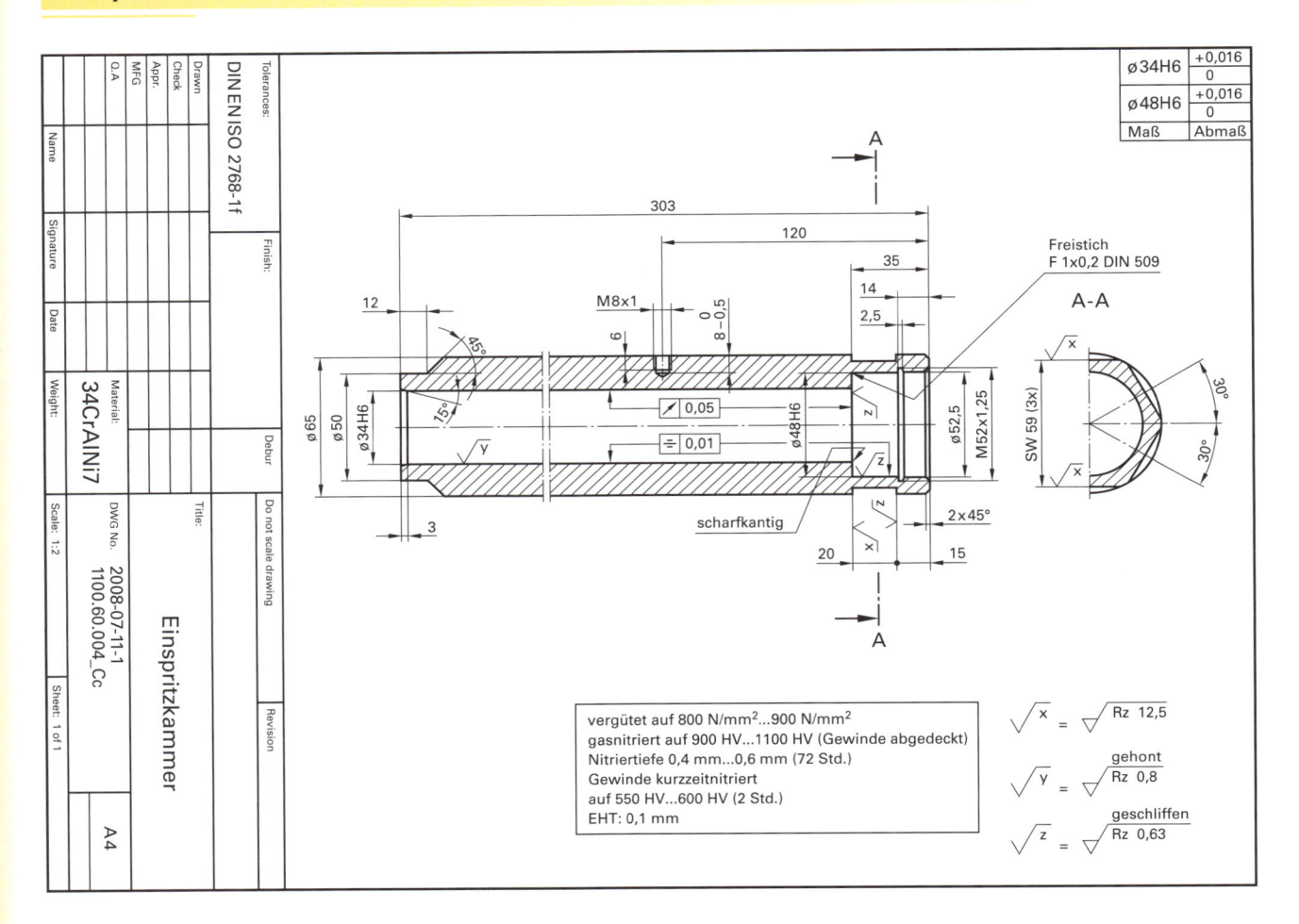

Maß	Abmaß
⌀34H6	+0,016 / 0
⌀48H6	+0,016 / 0

Technische Angaben:
- vergütet auf 800 N/mm² ... 900 N/mm²
- gasnitriert auf 900 HV ... 1100 HV (Gewinde abgedeckt)
- Nitriertiefe 0,4 mm ... 0,6 mm (72 Std.)
- Gewinde kurzzeitnitriert auf 550 HV ... 600 HV (2 Std.)
- EHT: 0,1 mm

Oberflächen:
- x = Rz 12,5
- y = Rz 0,8 (gehont)
- z = Rz 0,63 (geschliffen)

Material: 34CrAlNi7
Titel: Einspritzkammer
DWG No.: 2008-07-11-1 / 1100.60.004_Cc
Scale: 1:2
Sheet: 1 of 1
A4
Toleranzen: DIN EN ISO 2768-1f

Freistich F 1x0,2 DIN 509

1. Analysieren Sie die vorgegebene Zeichnung. Bearbeiten Sie dazu nachfolgende Fragen.
   Welche Fertigungsverfahren sind zur Herstellung dieses Zylinders notwendig?
   Erläutern Sie die Angaben zur Härtebehandlung des Werkstoffs.
   Überlegen Sie, warum für das Gewinde eine etwas abweichende Härtebehandlung vorgesehen ist?

2. Der Hersteller wünscht eine gehonte Innenfläche des Einspritzzylinders.
   Mit welchem Honverfahren könnte diese Bohrung bearbeitet werden?

LS 9.3 Feinbearbeitung eines Einspritzzylinders

3. Welche Unterschiede bestehen bezüglich der Maßhaltigkeit und der Oberflächenstruktur zwischen dem Innenrundschleifen und dem Honen?

Durch das Honen können nicht nur die Maßhaltigkeit verbessert, sondern auch bestimmte Formkorrekturen erreicht werden.

4. Welche Form- und Lagetoleranzen werden laut Zeichnung gefordert?

Planen

Honen ist ein spanendes Fertigungsverfahren mit einem vielschneidigen Werkzeug aus gebundenem Korn unter ständiger Flächenberührung zwischen Werkzeug und Werkstück zur Verbesserung von Maß, Form und Oberfläche vorbearbeiteter Werkstücke.

Die Prozesskinematik ist durch drei einander sich überlagernde Bewegungen gekennzeichnet.

Drehbewegung – Umfangsgeschwindigkeit v_u
Hubbewegung – Axialgeschwindigkeit v_a
Radiale Zustellbewegung – Anpressdruck p

Die Schnittgeschwindigkeit v_c ergibt sich aus der Überlagerung von Umfangsgeschwindigkeit und Axialgeschwindigkeit.

Durch die Richtungsänderung der Hubbewegung bei jedem Doppelhub ergibt die Überschneidung der Bearbeitungsspuren den für das Honen typischen Kreuzschliff mit dem Überschneidungswinkel α. Dieser liegt in der Regel zwischen 40° und 80°, meist wird ein Überschneidungswinkel von 45° bis 60° gewählt.

Die Hublänge wird zum Erreichen zylindrischer Durchgangsbohrungen so eingestellt, dass bei einem normalen Arbeitshub etwa ein Drittel der Honsteine an den Bohrungsenden herausragt, wobei die Länge der Honsteine etwa zwei Drittel der Bohrungslänge betragen soll.

Die Bearbeitungszugabe spielt beim Honen eine entscheidende Rolle, da sie die Honzeit maßgeblich beeinflusst.

Der Anpressdruck wird je nach geforderter Oberflächengüte stufenlos mechanisch oder hydraulisch eingestellt.

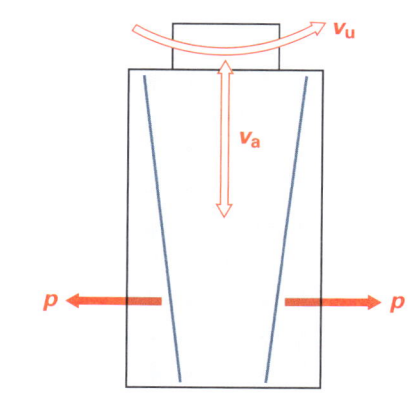

Prozesskinematik

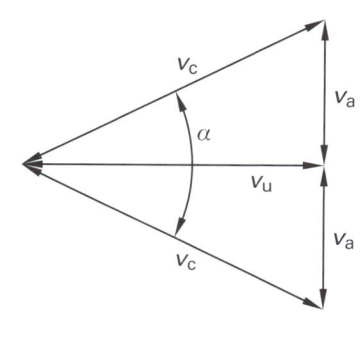

$$v_c = \sqrt{v_u^2 + v_a^2}$$

Zusammenhang von v_u, v_a, v_c und α

– LS 9.3 Feinbearbeitung eines Einspritzzylinders

Die Honwerkzeuge werden meist nicht ohne Beratung durch den Werkzeughersteller bestellt, vielmehr ist es üblich, dass für den konkreten Anwendungsfall ganz spezielle Honsteine bezüglich der Zusammensetzung (Kornart, Bindung, Härte, Gefüge) und Honleisten bezüglich der Form angefertigt werden.

Um das optimale Werkzeug auszuwählen oder anzufertigen, benötigt der Werkzeughersteller konkrete Angaben über den Fertigungsauftrag.

5. Bereiten Sie für die Bestellung des Honwerkzeuges folgende Informationen auf:
- Werkstoff, Festigkeit, Härte, ggf. Besonderheiten,
- Bohrungsdurchmesser und Bohrungslänge zur Ermittlung der Länge des Honsteins,
- Ausgangsbeschaffenheit der Bohrung,
- Bearbeitungszugabe,
- geforderte Rauheit und Toleranzen.

6. Ermitteln Sie die notwendigen Schnittwerte mithilfe Ihres Tabellenbuches.

Durchführen

Für die Fertigung durch Langhubhonen schlägt der Werkzeughersteller vor, Gelenkstangen oder Pendelstangen als Antriebselement für das Werkzeug einzusetzen und das Werkstück fest einzuspannen.

7. Welchem Zweck dient die Verwendung eines solchen Antriebselementes?

8. Warum sollen entweder das Werkzeug oder das Werkstück mehrere Freiheitsgrade besitzen?

LS 9.3 Feinbearbeitung eines Einspritzzylinders

9. Beim Honen können verschiedene Schwierigkeiten auftreten. Warum sind die richtige Auswahl und Zuführung des Honöls entscheidend für die Qualität?

Fehler	Mögliche Ursache
Honsteine setzen sich zu ggf. Riefenbildung	Anpressdruck zu hoch, Umfangsgeschwindigkeit zu gering, Fläche wurde vor der Bearbeitung nicht gereinigt (Späne, Grat).
Schneidleistung zu gering	Anpressdruck zu gering, Honstein zu hart, Viskosität des Honöls zu hoch, Schnittgeschwindigkeit zu hoch.
Honsteine zugeschmiert	Spülwirkung des Honöls zu gering, Viskosität zu hoch.
Vibrationen beim Honvorgang	Umfangsgeschwindigkeit zu hoch, Axialgeschwindigkeit zu gering, Werkzeugfläche zu klein.
Honsteine brechen zu schnell aus	Anpressdruck zu hoch, starke Formfehler in der Bohrung, falsche Honsteinauswahl, Vibration.
Standzeit zu gering	Honstein zu weich, Anpressdruck zu hoch, Schnittgeschwindigkeit zu hoch, falsches Honöl.

10. Nach der Bearbeitung stellen Sie fest, dass die Oberfläche nicht die gewünschte Qualität aufweist, sie ist zu rau. Welche Maßnahmen schlagen Sie vor?

11. Wie würden Sie reagieren, wenn nach der geplanten Honzeit die gewünschte Maßveränderung noch nicht erreicht ist?

12. Wie können Sie dem unweigerlichen Verschleiß, der an den Honsteinen während der Bearbeitung auftritt, entgegenwirken?

Beurteilen

13. Schlagen Sie Maßnahmen zur Überprüfung der erzielten Oberflächenqualität sowie der Maß- und Formgenauigkeit des Einspritzzylinders unter den Bedingungen der vorausgegangenen Einzelteilfertigung vor.

In der Serienfertigung können Grenzlehrdorne zum Prüfen der Zylinder eingesetzt werden.

14. Welchen Vorteil bietet der Einsatz von Grenzlehrdornen in der Serienfertigung?

Ihnen steht ein vorgearbeiteter Grenzlehrdorn zur Verfügung, sie müssen diesen nur noch auf Passmaß läppen.

15. Was verstehen Sie unter Läppen?

16. Wählen Sie zur Fertigung des Grenzlehrdornes ein Läppverfahren aus und erläutern Sie Ihre Vorgehensweise.

17. Fertigen Sie eine Skizze von dem benötigten Grenzlehrdorn an und bestimmen Sie die Abmaße für die Gut- und Ausschuss-Seite.

LF 10 Optimieren des Fertigungsprozesses
Process optimization in manufacturing

Betrieblicher Arbeitsauftrag *Production work order*

Beurteilen, Optimieren und Gestalten von Fertigungsprozessen
Assessment, optimization and organization of production processes

Lernsituation 10.1 Eingangsgrößen und Ausgangsgrößen des Zerspanungsprozesses *Input and output variables of cutting process*

Analysieren

Der Zerspanungsprozess wird durch Eingangskenngrößen gestaltet und durch Bewertungskenngrößen beurteilt. Unterschiedliche Werkstoffeigenschaften, die Zusammensetzung und der Wärmebehandlungszustand beeinflussen die Zerspanbarkeit eines Werkstoffs ebenso wie das angewendete Bearbeitungsverfahren und die gewählten technologischen Parameter. Zur Beurteilung der Zerspanbarkeit eines Werkstoffs werden häufig Ergebnisse von Prozessbeobachtungen wie die Spanbildung, die Zerspanungskräfte und der Werkzeugverschleiß herangezogen. Werkstückbezogene Qualitätskriterien wie die Oberflächengüte und die Maßhaltigkeit sowie wirtschaftliche Bewertungsgrößen (Werkzeugstandzeit, Standmenge) und die Zerspanungskosten dienen auch als Vergleichs- und Bewertungskriterien.

In diesem Arbeitsauftrag sollen die zu planenden, technologischen Eingangskenngrößen und die qualitativen und wirtschaftlichen Bewertungskenngrößen für einen Zerspanungsprozess festgelegt werden.

Planen

1. Ordnen Sie den Eingangskenngrößen des Zerspanungsprozesses die Merkmale und Kennwerte zu und tragen Sie Ihre Ergebnisse in die nachfolgende Übersicht ein.

Eingangsgrößen des Zerspanungsprozesses

Werkzeug *Tool*	**Werkstück** *Workpiece*

Schnittgrößen *Cutting parameters*	**Bearbeitungsverfahren** *Machining processes*

Zerspanungsbedingungen *Cutting conditions*	**Maschine** *Machine tool*

LS 10.1 Eingangsgrößen und Ausgangsgrößen des Zerspanungsprozesses

Durchführen

2. Tragen Sie die möglichen Kombinationen ein. Welche Voraussetzungen sind für eine optimale Durchführung des Bearbeitungsprozesses notwendig?

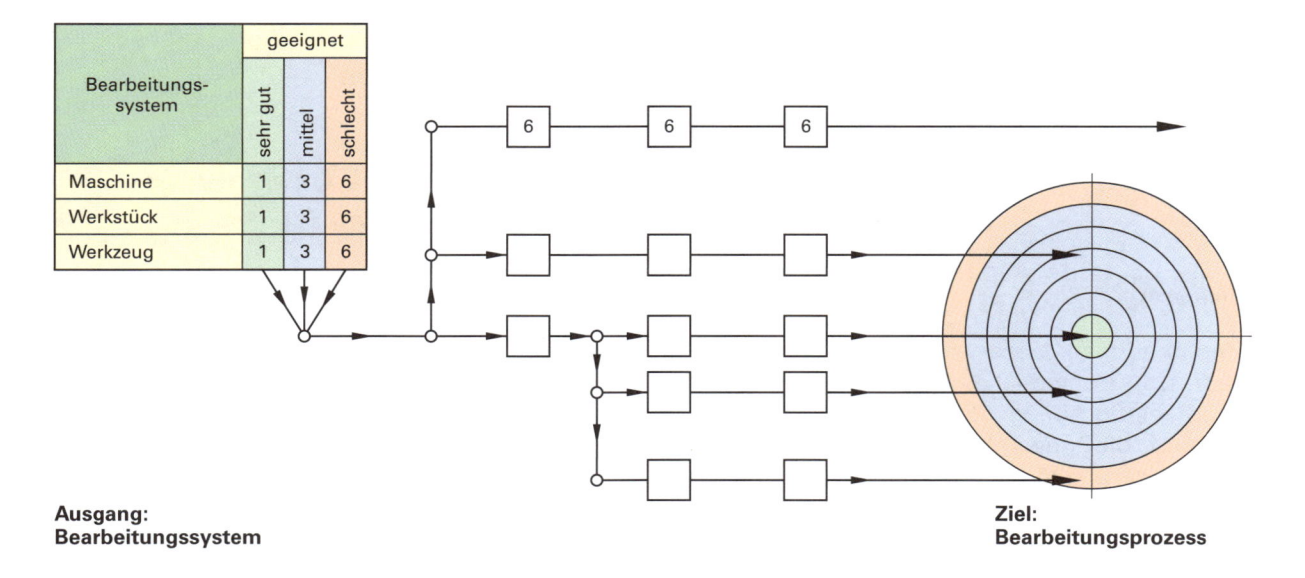

Bearbeitungs-system	geeignet		
	sehr gut	mittel	schlecht
Maschine	1	3	6
Werkstück	1	3	6
Werkzeug	1	3	6

Ausgang: Bearbeitungssystem

Ziel: Bearbeitungsprozess

Beurteilen

3. Ordnen Sie den Ergebnis- und Bewertungsgrößen des Zerspanungsprozesses die Merkmale und Kennwerte zu und tragen Sie Ihre Ergebnisse in die nachfolgende Übersicht ein.

Ergebnis- und Bewertungsgrößen des Zerspanungsprozesses

Werkzeug *Tool*

Werkstück *Workpiece*

Wirtschaftliche Kenngrößen *Economic variables*

Technologische Kenngrößen *Technological variables*

LS 10.2 Trockenbearbeitung

Betrieblicher Arbeitsauftrag *Production work order*

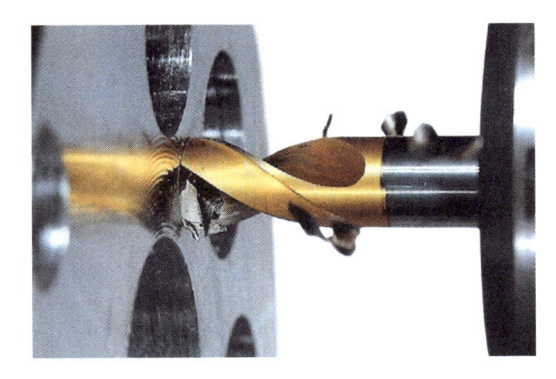

Analyse des Trockenbearbeitungsprozesses
Analysis of dry-machining process

Lernsituation 10.2 Trockenbearbeitung
Dry machining

Analysieren

Ein Trend in der Zerspanungstechnik ist der Verzicht auf den Einsatz von Kühlschmiermitteln. Gründe hierfür sind eine umwelt- und gesundheitsschonende Produktion und die Reduktion der Kosten für Anschaffung, Entsorgung, Pflege und Reinigung der Kühlschmierstoffe.

Planen

1. Informieren Sie sich über gesundheitliche Gefahren und Umweltbelastungen, die mit dem Einsatz von Kühlschmierstoffen verbunden sind und tragen Sie ihre Ergebnisse unten ein.

Gesundheitliche Gefahren *health hazards*	Umweltbelastungen *environmental pollution*

2. Informieren Sie sich über den jährlichen Gesamtverbrauch von KSS in Deutschland.

Jährlicher Verbrauch an

Wassermischbare Kühlschmierstoffe:	Tonnen / Jahr
Nichtwassermischbare Kühlschmierstoffe:	Tonnen / Jahr

3. Welche Schneidstoffe sind für Bearbeitungsprozesse ohne Kühlschmierstoff geeignet?

Schneidstoffart	Schneidstoffeigenschaften

Durchführen

In der Fertigung wurden beim Bohren von Werkstücken aus Vergütungsstahl Zerspanungsversuche durchgeführt. Die Bohrungstiefe t beträgt $3 \cdot D$.

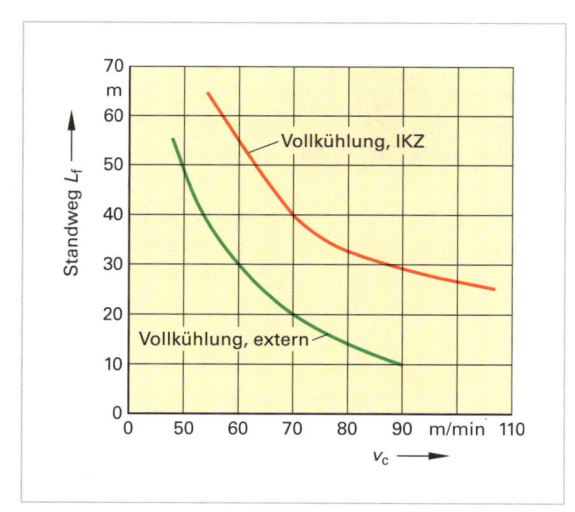

Standwegevergleich mit HM-Spiralbohrer (HM + TiCN-Beschichtung) zwischen interner und externer Kühlmittelzufuhr in Vergütungsstahl 42CrMo4, Bohrer $\varnothing\ D = 8$ mm, Vorschub $f = 0{,}15$ mm, Kühlung mit Emulsion 7 %, IKZ mit 30 bar

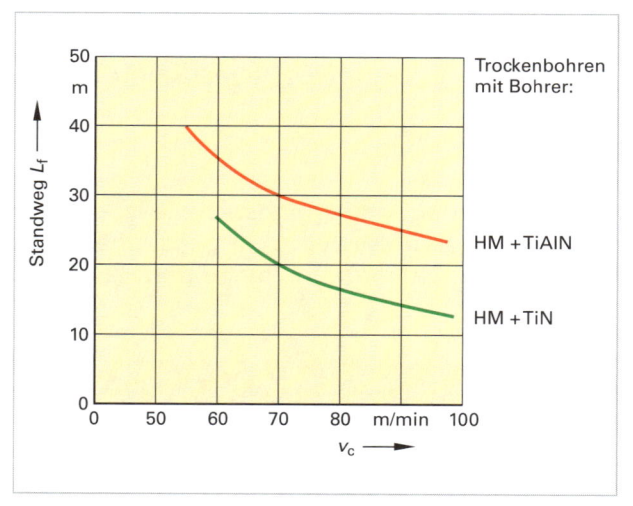

Standwegevergleich zwischen HM-Spiralbohrern mit unterschiedlicher Beschichtung, Trockenbearbeitung in Vergütungsstahl 42CrMo4, Bohrer $\varnothing\ D = 8$ mm, Vorschub $f = 0{,}15$ mm,

4. Wie viele Bohrungen können bei einer Bohrtiefe von $3 \cdot D$ mit $v_c = 70$ m/min bei externer und interner KSS-Zufuhr und Trocken gebohrt werden und wie viele Bohrer werden jeweils benötigt? Entnehmen Sie die Werte für die Lösung aus den obigen Diagrammen.

Externe KSS-Zufuhr

Interne KSS-Zufuhr

Trockenbearbeitung

HM + TiAlN:

HM + TiN:

5. Kalkulation:
In diesem Betrieb sind 100 m³ KSS-Emulsion im Umlauf. Die gesamte Anlage wird zweimal im Jahr gereinigt und neu befüllt. Es ist mit einem täglichen Verlust von 1 m³ bei 230 Arbeitstagen im Jahr zu rechnen. Kosten für die Emulsion 150 €/m³. Kosten für Entsorgung 750 €/m³. Kosten für Wartung und Reinigung 10 €/m³. Ziel ist 20 % der Produktion „trocken" zu legen. Welche Einsparungen sind im Bereich KSS möglich?

LS 10.2 Trockenbearbeitung

Beurteilen

Trockendrehen *Dry turning*

Um weitere Erkenntnisse zur Trockenbearbeitung zu erhalten, wurde Rundmaterial von einem Durchmesser $d = 50$ mm auf $d = 20$ mm aus dem Werkstoff C45 trocken bei unterschiedlichen Vorschüben, Schnittgeschwindigkeiten und Schnitttiefen zerspant. Die Drehlänge betrug $l = 80$ mm. Die Hartmetall-Wendeschneidplatte hatte eine kombinierte TiCN-Al_2O_3-Beschichtung. Es wurden jeweils die Werkstücktemperatur und die Werkzeugtemperatur gemessen.

In untenstehendem Diagramm sind die Ergebnisse dargestellt.

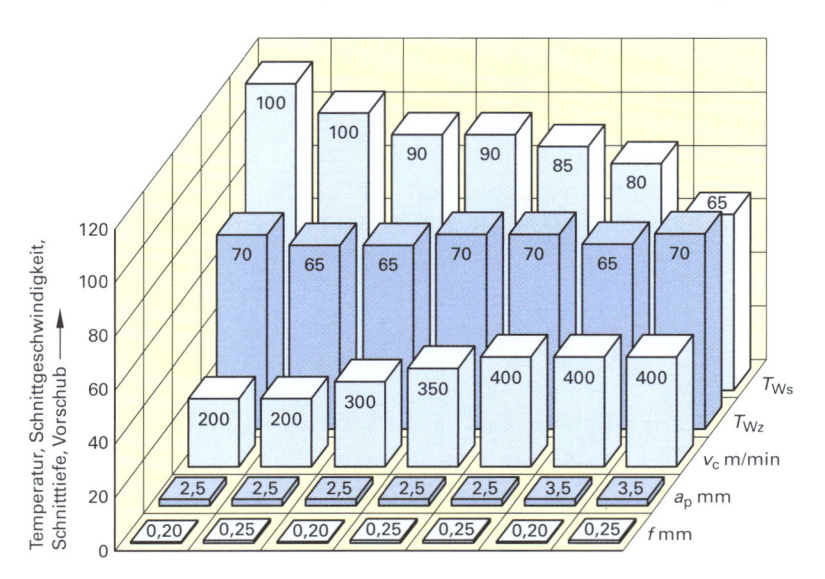

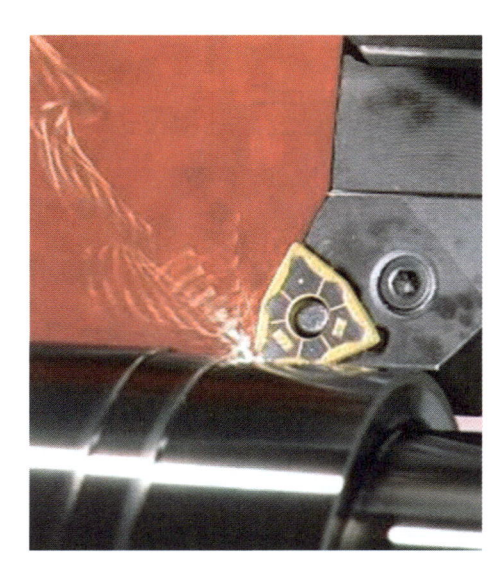

Vorschub f in mm, Schnitttiefe a_p in mm, Schnittgeschwindigkeit v_c in m/min, Werkzeugtemperatur T_{Ws} in °C, Werkstücktemperatur T_{Ws} in °C

6. Berechnen Sie für die Versuche 1 bis 7 jeweils das Zeitspanvolumen Q
   $Q = a_p \cdot v_c \cdot f$ (Q in cm³/min).

7. Erstellen Sie mit den Ergebnissen von Aufgabe 6 ein Zeitspanvolumen-Temperatur-Diagramm. Tragen Sie für jedes Zeitspanvolumen die zugehörige Werkstück- und Werkzeugtemperatur ein und zeichnen Sie in das Diagramm den Temperaturverlauf für das Werkstück und das Werkzeug in Abhängigkeit vom Zeitspanvolumen ein.

8. Welcher Zusammenhang besteht zwischen dem Zeitspanvolumen und der Kontaktzeit der Schneide mit dem Werkstoff?

9. Beurteilen Sie die Ergebnisse und formulieren Sie eine Empfehlung für die Schnittgrößen bei der Trockenbearbeitung.

10. Übersetzen Sie den nachfolgenden englischen Text eines Schneidstoffherstellers ins Deutsche:

> Today's cutting materials often permit dry machining. However, the cutting conditions must be closely adapted. The metal removal rate should be high, thus resulting in short periods of contact between tool and workpiece.

Betrieblicher Arbeitsauftrag
Production work order

Analyse der Minimalmengenschmierung
Analysis of minimal quantity lubrication

Lernsituation 10.3
Minimalmengenschmierung
Minimal quantity lubrication

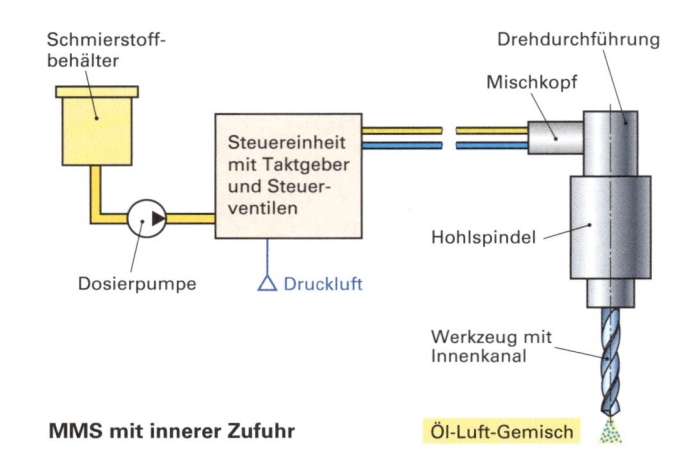

MMS mit innerer Zufuhr

Analysieren

Mit einem TiAlN-beschichtetem Hartmetallbohrer mit innenliegenden Kühlkanälen sollen in einem Werkstück aus GD-AlSi9Cu3 Bohrungen mit Durchmesser $D = 8$ mm hergestellt werden.
Schnittwerte: $v_c = 400$ m/min, $f = 0{,}5$ mm

Planen

1. Welche besonderen Probleme treten beim Bohren auf, wenn trocken, mit MMS und mit Vollkühlung mit externer Zuführung gearbeitet wird?

Trockenbohren:
Bohren mit MMS:
Bohren mit externer KSS-Zuführung:

2. Welche Schmiermittel kommen im MMS-System zum Einsatz?

3. Welche Dosier- und Zuführsysteme werden bei der MMS-Technologie angewendet?

Dosiersysteme:	Zuführsysteme:

LS 10.3 Minimalmengenschmierung

Durchführen

In der Fertigung wurden beim Bohren mit dem Werkstoff GD-AlSi9Cu3 untenstehende Ergebnisse erzielt: (Die Diagramme benötigen Sie zur Lösung der untenstehenden Aufgaben.)

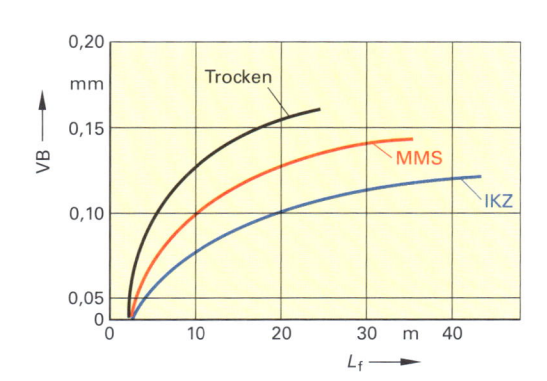

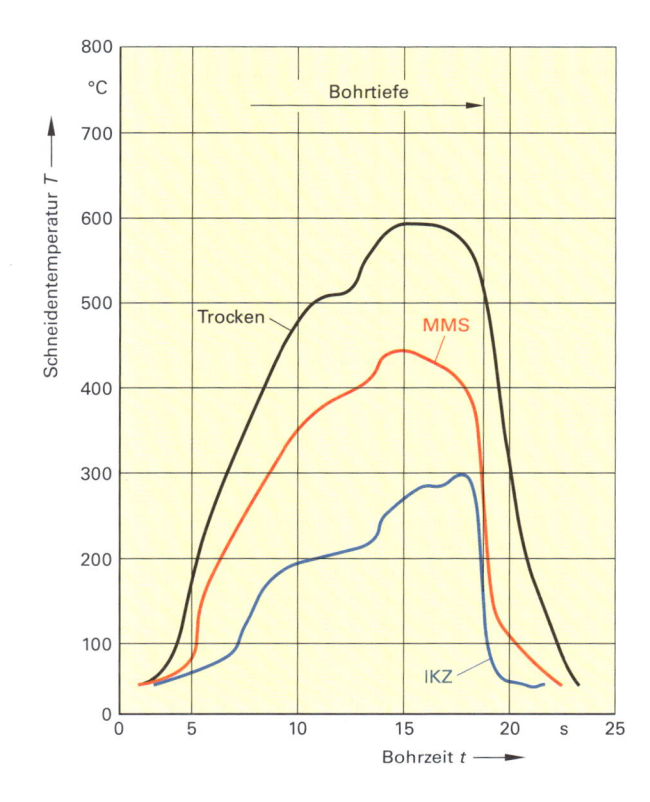

4. Bei welcher Schmiermittelmenge in ml/h wird die Aufbauschneidenbildung weitgehend vermieden?

Optimale Schmiermittelmenge bei MMS-Einsatz: _____ ml/h

5. Beurteilen Sie die Temperaturentwicklung an der Werkzeugschneide.

Trocken:
MMS:
IKZ:

6. Produktivitätsvergleich: Wie viele Bohrungen (Standmenge N) können mit Trockenbearbeitung, mit MMS und mit innerer KSS-Zufuhr (IKZ) hergestellt werden? Bohrtiefe $3 \cdot d = 24$ mm, Standzeitkriterium: $VB = 0{,}10$ mm

Trocken:		Interne KSS-Zufuhr, IKZ:

Beurteilen

In einer Versuchsreihe zum Fräsen mit Minimalmengenschmierung sollen die Ergebnisse bewertet werden:

Minimalmengenschmierung: Überdruck-Sprühsystem mit zwei Zweistoffdüsen, Schmierstoffmenge: 7 ml/h bis 14 ml/h

Werkzeug: HM- Schaftfräser mit TiCN-Beschichtung, (TiCN, Titan-Carbonitrid) Durchmesser 10 mm, 4 gedrallte Schneiden

Werkstück: Werkstoff 34CrMo4

Eingriffsbedingungen: Gleichlauf-, Gegenlauffräsen, a_p = 10 mm, a_e = 1,5 mm

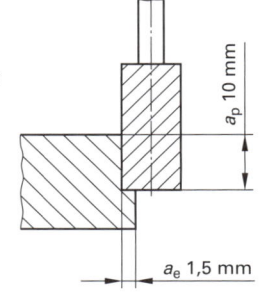

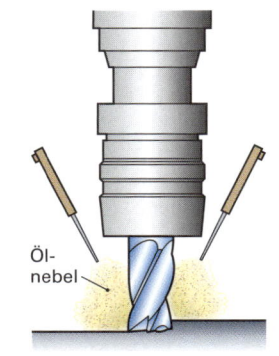

Tabelle: Standwege

Versuchs-reihe	Beschichtung Werkzeug	Fräsver-fahren	Schnittge-schwindigkeit v_c in m/min	MMS-Menge in ml/h	Standweg L_f in m
1	TiCN	Gleichlauf	100	7	20
2	TiCN	Gleichlauf	125	7	23
3	TiCN	Gleichlauf	100	14	28
4	TiCN	Gleichlauf	125	14	36
5	TiCN	Gleichlauf	150	25	19
6	TiCN	Gegenlauf	100	7	16
7	TiCN	Gegenlauf	125	7	18
8	TiCN	Gegenlauf	100	14	25
9	TiCN	Gegenlauf	125	14	27
10	TiCN	Gegenlauf	150	25	14

7. Welche Versuchsreihe brachte das beste Ergebnis? Erstellen Sie dazu ein Balkendiagramm um die Ergebnisse auszuwerten.

8. Begründen Sie den Zusammenhang zwischen den Fräsverfahren Gleich- und Gegenlauf und den unterschiedlichen Standwegen. Skizzieren Sie dazu die Eingriffsbedingungen der Schneide im Werkstück.

9. Welchen Einfluss haben die Schnittgeschwindigkeit und die Schmiermittelmenge auf den Standweg?

10. Warum bringt eine Steigerung der Schmiermittelmenge über 14 ml/h keine Standwegerhöhung mehr?

LS 10.4 Hartbearbeitung

Betrieblicher Arbeitsauftrag *Production work order*

Prozessanalyse Hartfräsen *Analysis of hard milling processes*

Lernsituation 10.4 Hartbearbeitung *Hard machining*

Analysieren

Durch Hartfräsen wird an einem Werkstück aus gehärtetem Werkzeugstahl die Außenkontur (Konturlänge l = 150 mm) fertigbearbeitet. Die besonderen Merkmale des Hartfräsens sollen untersucht und die Ergebnisse der Fräsbearbeitung ausgewertet werden.

Werkzeug:
Feinstkornhartmetall-Schaftfräser,
Durchmesser D = 16 mm, 6 Schneiden,
TiAlN-Monolayer-Beschichtung,
Rundlauftoleranz < 10 µm

Werkstoff:
40 CrMnMo 4 auf 58 HRC gehärtet

Schnittparameter:
f_z = 0,07 mm, a_p = 16 mm, a_e = 0,1 mm

Planen

1. Berechnen Sie die optimale Schnittgeschwindigkeit und Vorschubgeschwindigkeit für diese Fräsbearbeitung mithilfe der Diagramme.

Schnittgeschwindigkeit

v_c =   m/min

Drehzahl

n =

n =   1/min

Vorschubgeschwindigkeit
Formel:

v_f =

v_f =

v_f =   mm/min

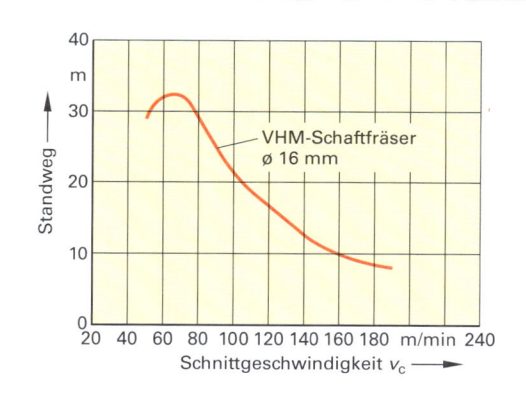

2. Berechnen Sie die Anzahl der Werkstücke, die innerhalb des Standweges bearbeitet werden können. Standzeitkriterium ist die Verschleißmarkenbreite VB = 100 µm.

Anzahl der Werkstücke, Standmenge N:

mit Emulsion:

L_f =

$N = L_f / L$

Trocken:

L_f =

$N = L_f / L$

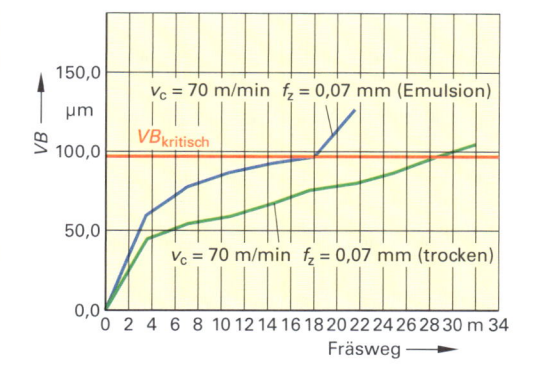

Durchführen

In der Fertigung wurde die Bearbeitung des legierten Kaltarbeitsstahl 40CrMnMo7 mit verschiedenen Schneidstoffen durchgeführt.

3. Mit welchem Schneidstoff wurde das beste Ergebnis erzielt?

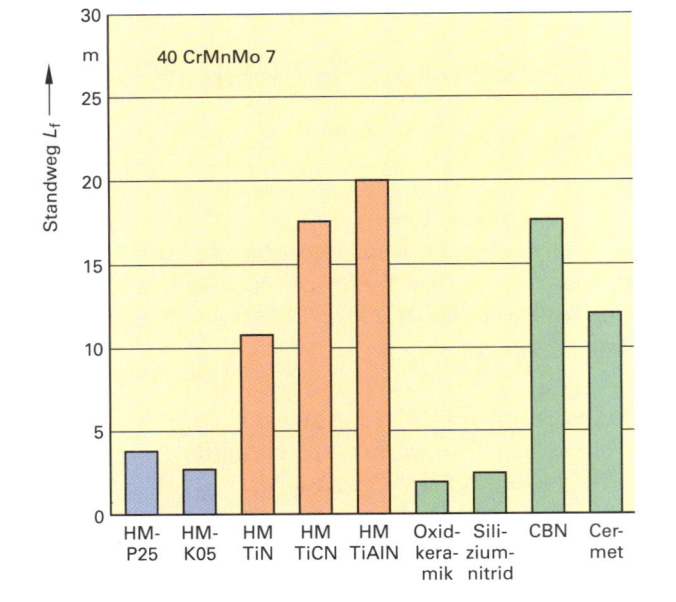

4. Welche Schneidstoffe kommen nach Auswertung der Ergebnisse für diese Bearbeitung noch in Frage?

5. Steigert man die Schnittgeschwindigkeit in einem Bereich, in dem die Späne zu glühen beginnen, verringert sich die mechanische Festigkeit des Werkstückwerkstoffs in der Scherzone und im Span. Welche Auswirkungen hat dies auf den Zerspanungsvorgang und welche besonderen Eigenschaften sollte ein Schneidstoff in der Hartbearbeitung mitbringen?

6. Welche geometrischen Besonderheiten haben Fräswerkzeuge die für die Hartbearbeitung eingesetzt werden?

LS 10.4 Hartbearbeitung

Beurteilen

In der Fertigung wurde der Zusammenhang zwischen dem Vorschub/Zahn f_z und der Temperatur T an der Werkstückoberfläche bei verschiedenen Schnittgeschwindigkeiten v_c ermittelt. Außerdem wurde die Antriebsleistung P in Watt der Maschinenspindel beim Fräsen gemessen.
Die Ergebnisse sind in den untenstehenden Diagrammen dargestellt.

7. Welcher Zusammenhang besteht zwischen dem Vorschub/Zahn, der Schnittgeschwindigkeit und der Oberflächentemperatur des Werkstücks.

8. Wird bei diesem Werkstoff die Anlasstemperatur durch die Zerspanungswärme erreicht? Welche Auswirkungen hätte ein Überschreiten der Anlasstemperatur des Werkstoffs?

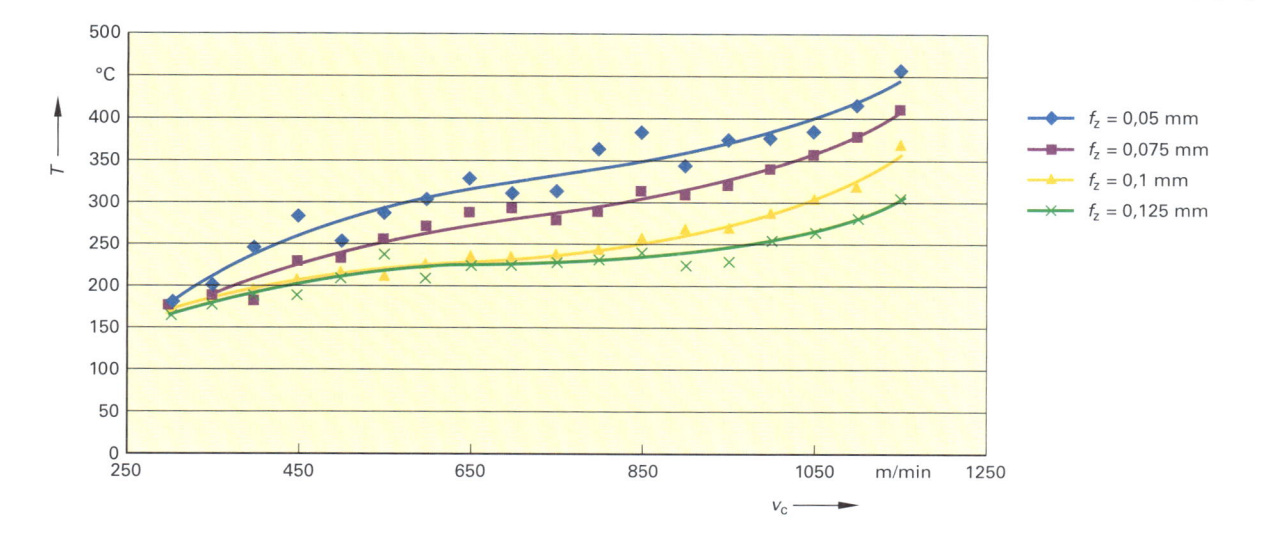

9. Die Werkzeugmaschine hat eine Antriebsleistung von P = 2,5 kW. Welcher Vorschub ist bei einer Ausnutzung von 70 % der maximalen Antriebsleistung und bei einer maximalen Schnittgeschwindigkeit des Werkzeuges von v_c = 600 m/min möglich?

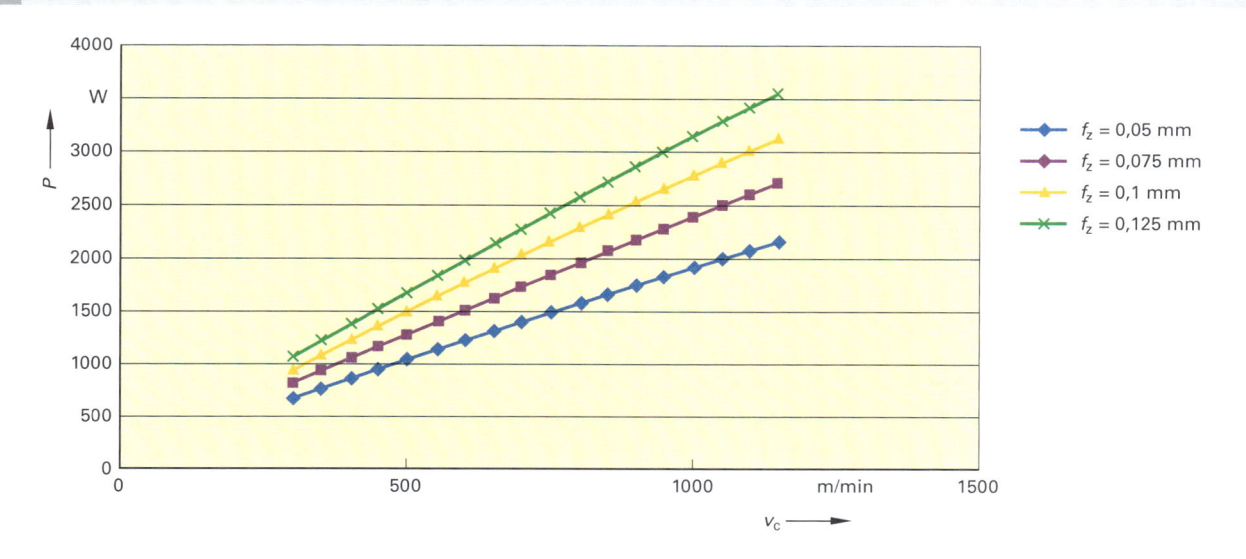

Beurteilen

10. Für die Fräsbearbeitung des Werkstücks mit TiN- und TiAlN beschichteten Schaftfräsern wurde eine Kostenkalkulation durchgeführt.
Beurteilen Sie das Ergebnis unter wirtschaftlichen Gesichtspunkten.

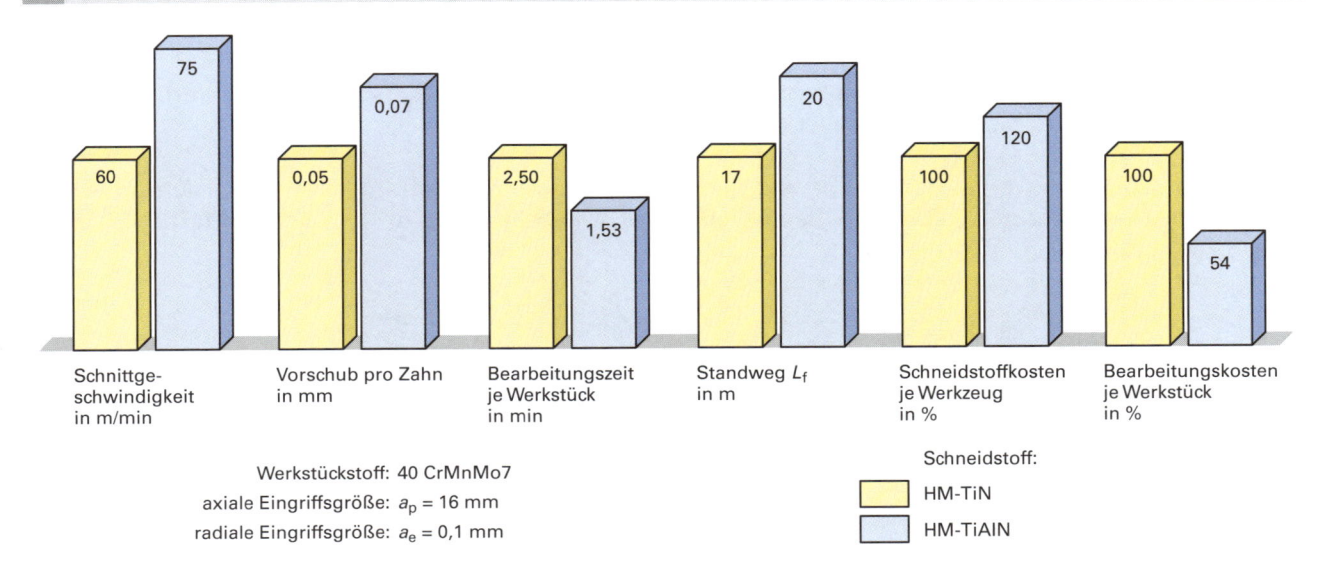

Werte aus Diagramm:
- Schnittgeschwindigkeit in m/min: HM-TiN = 60; HM-TiAlN = 75
- Vorschub pro Zahn in mm: HM-TiN = 0,05; HM-TiAlN = 0,07
- Bearbeitungszeit je Werkstück in min: HM-TiN = 2,50; HM-TiAlN = 1,53
- Standweg L_f in m: HM-TiN = 17; HM-TiAlN = 20
- Schneidstoffkosten je Werkzeug in %: HM-TiN = 100; HM-TiAlN = 120
- Bearbeitungskosten je Werkstück in %: HM-TiN = 100; HM-TiAlN = 54

Werkstückstoff: 40 CrMnMo7
axiale Eingriffsgröße: a_p = 16 mm
radiale Eingriffsgröße: a_e = 0,1 mm

Schneidstoff:
- HM-TiN
- HM-TiAlN

Hartdrehen *Hard turning*

Ein induktionsgehärtetes Rundmaterial aus 41CrMo4V soll durch Hartdrehen auf den Durchmesser 80 mm fertigbearbeitet werden.

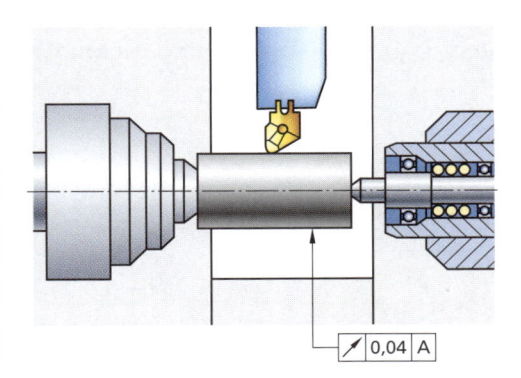

Werkstoff:	42 CrMo 4 V (55 HRC)
Schneidstoff:	PCBN
Schneidengeometrie:	RNMN 120300 T 01015
Schnittgeschwindigkeit:	160 m/min
Vorschub:	0,1 mm
Schnitttiefe:	0,15 mm, 0,05 mm
Werkstückdurchmesser:	80 mm
Werkstücklänge:	200 mm
Auskraglänge Pinole:	60 mm

11. Berechnen Sie die Hauptnutzungszeit t_h für die Drehlänge L = 200 mm

12. Welche Ursachen sind für die Formabweichung der Rundheit über die Z-Achse verantwortlich?

13. Es ist eine maximale Rundlaufabweichung von 40 µm bezogen auf die Werkstückachse zulässig. Welche maximale Schnitttiefe ist für diese Bearbeitung möglich?

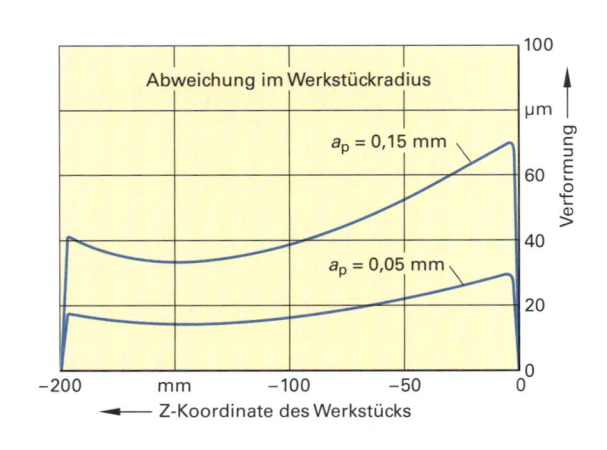

Abweichung im Werkstückradius (Verformung in µm über Z-Koordinate des Werkstücks):
- a_p = 0,15 mm
- a_p = 0,05 mm

LS 10.5 Hochgeschwindigkeitsbearbeitung

Betrieblicher Arbeitsauftrag *Production work order*

Vorbereiten eines Hochgeschwindigkeitsbearbeitungsprozesses
Preparing high-speed machining process

Lernsituation 10.5 Hochgeschwindigkeitsbearbeitung *High-speed machining*

Analysieren

Für das nebenstehende Spritzgusswerkzeug aus 40CrMn Mo7 (1.2311) mit einer Härte von 58 HRC wird die Schlicht- und Feinschlichtbearbeitung mit Hochgeschwindigkeitsfräsen durchgeführt. Damit soll zeit- und kostengünstiger gefertigt, und die Formgenauigkeit gegenüber dem manuellen Polieren verbessert werden.

Planen

Es wird mit einem mehrlagig beschichteten Kugelkopierfräser mit dem Durchmesser $D = 12$ mm aus Feinstkornhartmetall gearbeitet. Die Hochfrequenzspindel der Maschine erlaubt eine Höchstdrehzahl von $n = 58\,000$ 1/min.

Vorschlichten: Durchschnittliche Frästiefe $a_p = 0{,}15$ mm, Restrauigkeit $R_z = 50$ µm
Fertigschlichten: Durchschnittliche Frästiefe $a_p = 0{,}08$ mm, Restrauigkeit $R_z = 25$ µm

1. Welche Drehzahlen sind für das Vor- und Fertigschlichten zu programmieren, wenn der Werkzeughersteller für diesen Werkstoff $v_c = 250$ m/min ... 300 m/min am D_{eff} des Kugelkopierfräsers empfiehlt?

Vorschlichten:
Semi-finishing

Fertigschlichten:
Finishing to size

2. Berechnen Sie die Restrauigkeiten R_z für die jeweiligen Zeilenbreiten b_r:

Formel: $R_z = $ ⬜

$b_r = 0{,}5$ mm:	Restrauigkeit $R_z = $ µm
$b_r = 1{,}0$ mm:	Restrauigkeit $R_z = $ µm
$b_r = 1{,}5$ mm:	Restrauigkeit $R_z = $ µm
$b_r = 2{,}0$ mm:	Restrauigkeit $R_z = $ µm

LS 10.5 Hochgeschwindigkeitsbearbeitung

Durchführen

Es wurden in der Fertigung einige Zerspanungsversuche durchgeführt und die Ergebnisse in die untenstehenden Diagramme übertragen.

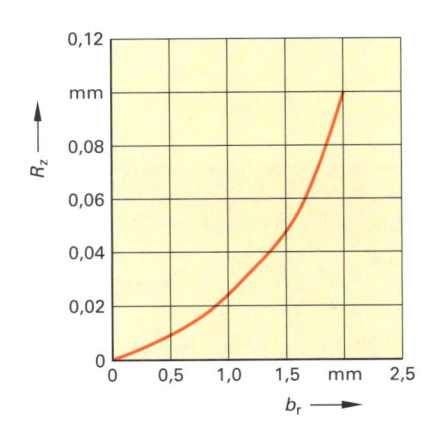

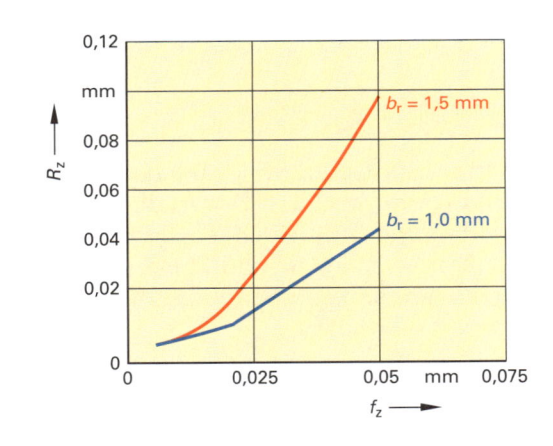

Bild 1: Restrauigkeit der Werkstückoberfläche in Abhängigkeit von der Zeilenbreite b_r

Bild 2: Restrauigkeit der Werkstückoberfläche in Abhängigkeit des Vorschubs pro Zahn f_z bei unterschiedlichen Zeilenbreiten

3. Prüfen Sie nach, ob die gemessenen R_z-Werte bei unterschiedlicher Zeilenbreite b_r mit den berechneten Werten übereinstimmen.

Zeilenbreite	Berechnete Werte	Gemessene Werte
$b_r = 0{,}5$ mm:	Restrauigkeit $R_z =$	Restrauigkeit $R_z =$
$b_r = 1{,}0$ mm:	Restrauigkeit $R_z =$	Restrauigkeit $R_z =$
$b_r = 1{,}5$ mm:	Restrauigkeit $R_z =$	Restrauigkeit $R_z =$
$b_r = 2{,}0$ mm:	Restrauigkeit $R_z =$	Restrauigkeit $R_z =$

4. Tragen Sie in untenstehendes Diagramm die berechneten und die gemessenen Werte ein.

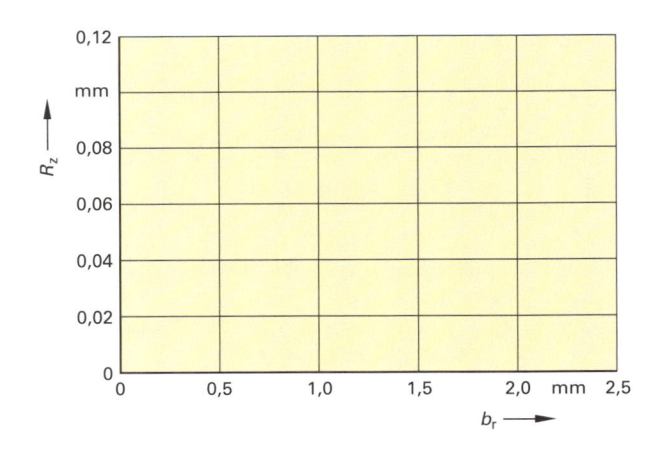

5. Mit welcher Zeilenbreite b_r und welchem Vorschub/Zahn f_z ist zu arbeiten, um die geforderten R_z-Werte beim Vor- und Fertigschlichten zu erreichen?

Vorschlichten: $R_z = 50$ µm

$b_r =$ mm

$f_z =$ mm

Fertigschlichten: $R_z = 25$ µm

$b_r =$ mm

$f_z =$ mm

LS 10.5 Hochgeschwindigkeitsbearbeitung

Beurteilen

6. Warum nimmt die Abweichung mit größer werdender Zeilenbreite b_r zu?

7. Die mittlere Spanungsdicke h_m und der Spanungsquerschnitt A sollen beim Hochgeschwindigkeitsfräsen möglichst konstant bleiben. Die Steuerung der Maschine arbeitet mit dem Restaufmaß als Schnitttiefe a_p aus dem vorangegangenen Bearbeitungsschritt.
Welcher Schnittwert wird dabei angepasst, um die Spanungsdicke h_m konstant zu halten?

8. Warum wird das Werkzeug unter einem Anstellwinkel β zur Bearbeitungsebene geneigt?

9. Wegen der großen Dynamik in den Linearachsen der HSC-Maschine werden häufig Linearantriebe verwendet. Welche Vorteile haben Linearmotoren gegenüber einem Kugelgewindetrieb?

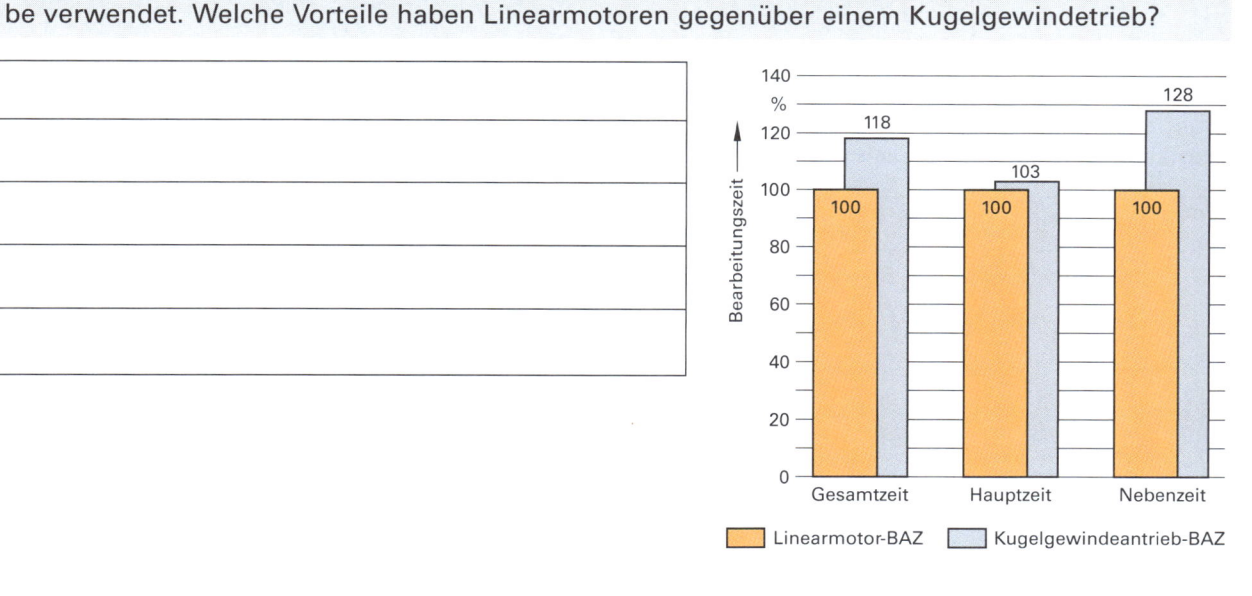

Betrieblicher Arbeitsauftrag *Production work order*

Ermitteln der Standmenge bei der Drehbearbeitung
Tool life calculation for turning operations

Lernsituation 10.6 Bewerten von Werkzeugverschleiß *Tool wear rating*

Analysieren

Auf einem CNC-Drehbearbeitungszentrum werden Werkstücke in großer Stückzahl bearbeitet. Es sollen der Werkzeugverschleiß beurteilt und die Werkzeugstandzeit bestimmt werden.
Werkstoff: Vergütungsstahl C 45
Drehbearbeitung: $\varnothing D$ = 35 mm, $\varnothing d$ = 30 mm + 0,15 mm

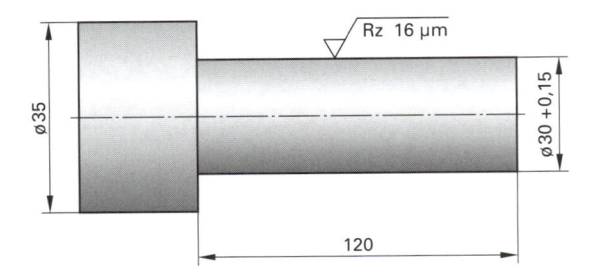

Planen

Schnittwerte: Schnittgeschwindigkeit v_{C1} = 240 m/min, v_{C2} = 300 m/min,
Vorschub f = 0,2 mm, Schnitttiefe a_p = 2,5 mm

1. Berechnen Sie die Schnittkräfte F_{C1} und F_{C2} und die erforderlichen Schnittleistungen P_{C1} und P_{C2}.
2. Welche Hartmetallsorte ist geeignet?
3. Welcher Eckenradius r an der Schneidplatte ist für eine theoretische Rautiefe R_{th} = 16 μm bei einem Vorschub f = 0,2 mm erforderlich?
4. Erstellen Sie eine Mindmap zum Werkzeugverschleiß und zur Werkstückoberfläche in der die jeweiligen Einflüsse, Kennwerte und Bewertungen zusammengefasst ist.

Durchführen

Ergebnisse der Stichprobenprüfung aus der Fertigung:

Gemessener Werkstückdurchmesser d in mm

Werkstück Nr.	10	20	30	40
v_c 240	30,04	30,08	30,1	30,16
v_c 300	30,02	30,1	30,18	30,24

Gemessene Rautiefe R_z in μm

Werkstück Nr.	10	20	30	40
v_c 240	12	15	17	21
v_c 300	8	12	25	34

Beurteilen

5. Erstellen Sie für den Werkstückdurchmesser d und die Rautiefe R_z eine Qualitätsregelkarte.
6. Welche Verschleißart liegt vor?
7. Welches Standzeitende (Maßtoleranz oder Rautiefe R_z) tritt früher ein?
8. Berechnen Sie für die Schnittgeschwindigkeiten v_{C1} und v_{C2} die Hauptnutzungszeiten t_{h1} und t_{h2}.
9. Wie groß sind die Standzeit T und die Standmenge N für eine Schneide?
10. Welche Schnittgeschwindigkeit ist wirtschaftlicher?
11. Wie können der Werkzeugverschleiß und der Fertigungsprozess in der Serienfertigung überwacht werden?

LS 11.1 Rechnergestützte Fertigung

LF 11 Teilsysteme rechnergestützter Produktionseinrichtungen
Subsystems of computer-aided production equipment

Betrieblicher Arbeitsauftrag *Production work order*

Aufgaben von Teilsystemen der rechnergestützten Fertigung beschreiben
Defining the functions of subsystems within computer-aided manufacturing

Lernsituation 11.1 Rechnergestützte Fertigung *Computer-aided manufacturing*

Analysieren

Computer werden in allen Bereichen der Fertigung eingesetzt. Die Verbindung der einzelnen Computer und ihre Integration in den gesamten Fertigungsprozess wird auch CIM (Computer integrated manufacturing) genannt. Von entscheidender Bedeutung sind die Schnittstellen und der durchgängige Informationsfluss.

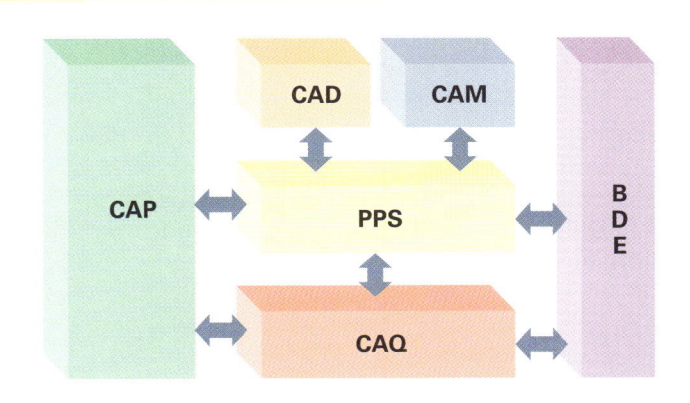

Planen

1. Informieren Sie sich über die Aufgaben der Teilsysteme in der rechnergestützten Fertigung.

- PPS, Produktions- Planung und Steuerung
- CAD, computer aided drafting
- CAM, computer aided manufacturing
- CAQ, Computer aided quality
- BDE, Betriebsdatenerfassung
- CAP, Computer aided planning

Durchführen

2. Was versteht man unter CAD-CAM-Kopplung und welche Vorteile ergeben sich daraus?
3. Durch welches System erfolgt der Informationsaustausch zwischen den einzelnen Teilsystemen?
4. Welche Möglichkeiten gibt es zur Datenerfassung?

Beurteilen

5. Welche Vorteile ergeben sich für ein Unternehmen mit der Einführung von CIM?
6. Welche Schwierigkeiten entstehen mit der Einführung von CIM für ein Unternehmen?
7. Wie wirkt sich der Einsatz von CIM für den einzelnen Mitarbeiter und für den Produktionsablauf im Unternehmen aus?

LS 11.2 Schnittstellen der Datenübertragung

Betrieblicher Arbeitsauftrag *Production work order*

Aufgaben von Teilsystemen der rechnergestützten Fertigung beschreiben
Defining the functions of subsystems within computer-aided manufacturing

Lernsituation 11.2 Schnittstellen der Datenübertragung *Interfaces for data transmission*

Analysieren

In der computerunterstützten Fertigung werden Daten in einem zentralen Fertigungsleitrechner (Server) gespeichert und den dezentralen Arbeitsrechnern (Clients) bzw. den Steuerungen an den Bearbeitungszentren bereitgestellt.

Hierbei ist das zeitgerechte Verteilen der Steuerinformationen an mehrere NC-Maschinen und die Schnittstellenübergabe der Daten für einen durchgängigen Informationsfluss von entscheidender Bedeutung.

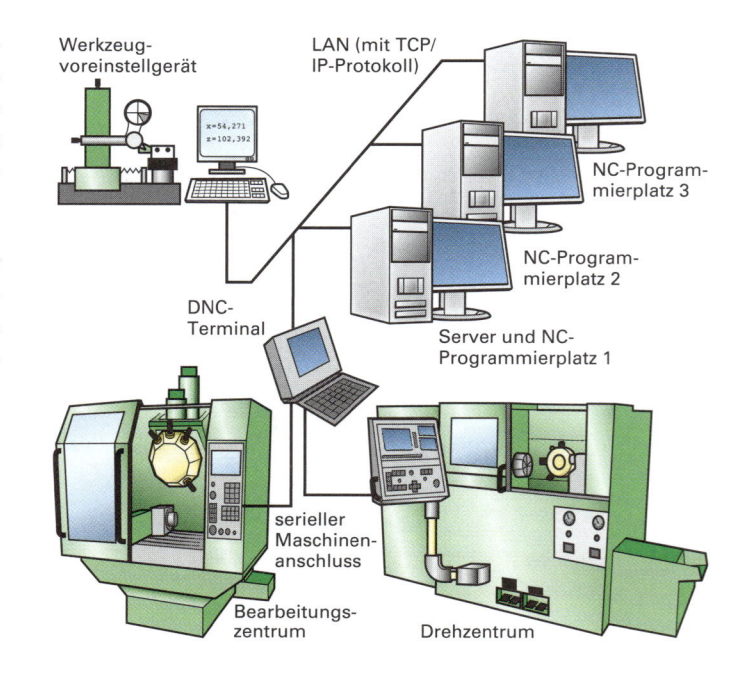

Planen

1. Schnittstellen oder Interface werden zur Übertragung von Daten verwendet. Es wird zwischen Hardware-Schnittstellen und Software-Schnittstellen (Datenformate) unterschieden. Tragen Sie in die unten stehenden Freiräume jeweils drei Beispiele ein.

Hardware-Schnittstelle

→ Hierunter versteht man die hardwareseitige Festlegung einer Geräteschnittstelle. Es wird definiert, wie viele Drähte zum Senden und Empfangen von Daten zum Einsatz kommen. Man bezeichnet sie auch als Geräte-Anschlussschnittstelle, über die alle Informationen von einem Gerät nach außen gehen. Hierbei unterscheidet man:

Software-Schnittstelle

→ Eine Software-Schnittstelle ist eine definierte Datenübergabestelle von einem Softwarepaket an ein anderes, z. B. innerhalb eines Computers. Sie beschreibt, wofür die Schnittstelle vorgesehen und ausgelegt ist und welche Daten übertragen werden können, wie z. B. CAD-CAM-Kopplung. Beispiele hierfür sind:

LS 11.2 Schnittstellen der Datenübertragung

Durchführen

Für die Datenkommunikation benötigt ein Computer Schnittstellen. Standard sind serielle, parallele Ethernet- (Netzwerkkarte) und USB-Schnittstellen.

2. Das Bild zeigt die Rückseite eines Computers. Ordnen Sie jeweils die richtige Schnittstelle zu.

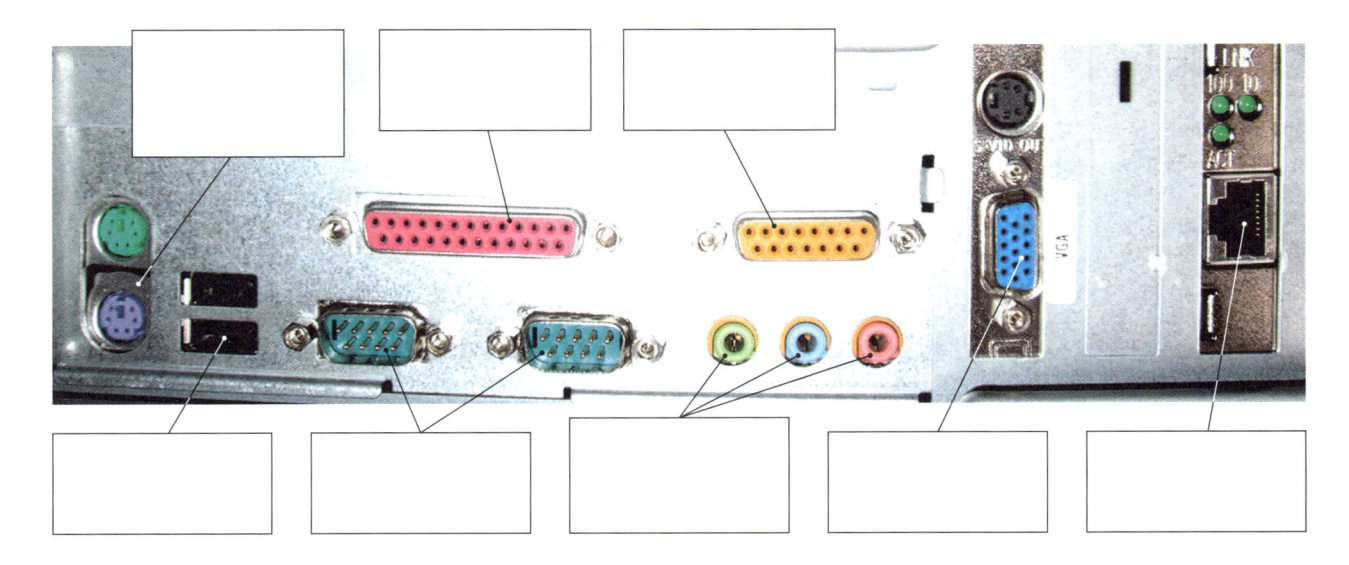

3. Beschreiben Sie in der untenstehenden Tabelle die Besonderheiten dieser Schnittstellen.

PC-Schnittstelle	Hardware-Bezeichnung	Anzahl der Pole	Software-Bezeichnung	Verwendung
Seriell				
Parallel				
USB				

4. Wozu benötigt man im Unternehmen einen ISDN-Anschluss und wie erfolgt die Verbindung mit dem PC?

5. Wozu benötigt man im Unternehmen einen Ethernet-Anschluss und wie erfolgt die Verbindung mit dem PC?

6. Beschreiben Sie den Aufbau des internen Datenkommunikationssystems (LAN, Local Area Network) in einem Unternehmen.

Beurteilen

7. Welcher Unterschied besteht zwischen dem Internet und einem Intranet. Welche Aufgaben haben diese Datenkommunikationsnetze?

8. Vergleichen Sie die serielle-, die parallele-, die USB- und die Ethernet-Schnittstelle hinsichtlich ihrer Datenübertragungsraten.

LS 11.3 Rechnergestützte Betriebsmittel- und Werkzeugverwaltung

Betrieblicher Arbeitsauftrag *Production work order*

Organisieren einer elektronischen Werkzeug- und Betriebsmittelverwaltung
Organizing an electronic tool and equipment management system

Lernsituation 11.3 Rechnergestützte Betriebsmittel- und Werkzeugverwaltung
Computer aided equipment and tool management

Analysieren

Die fortschreitende Automatisierung in den Fertigungsbereichen macht eine elektronische Betriebsmittel- und Werkzeugverwaltung notwendig. Ein solches Tool-Management-System ist über Schnittstellen zum Datenaustausch in die computerunterstützte Fertigung integriert und besteht selbst aus Teilsystemen.

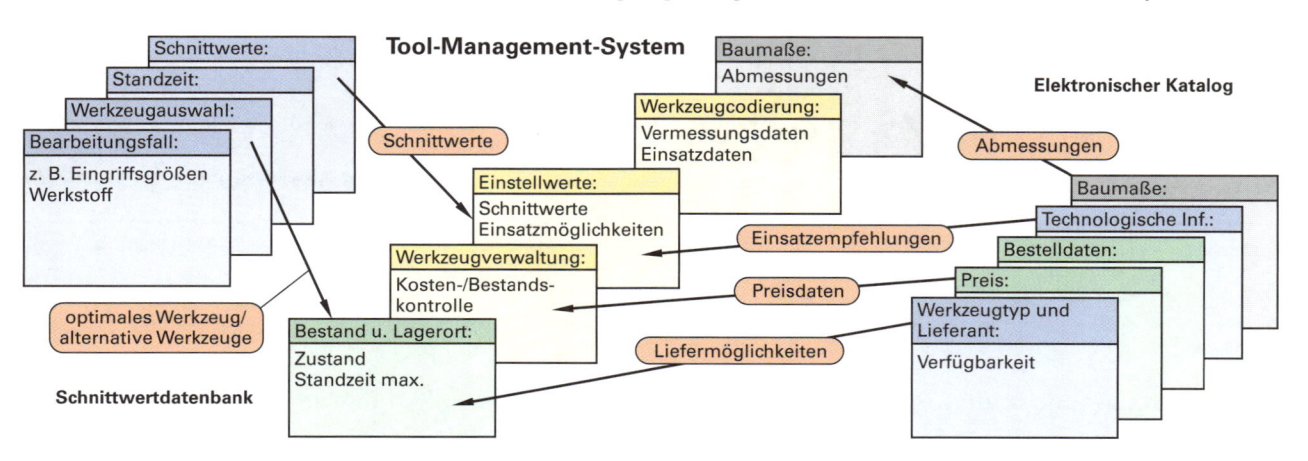

Tool-Management-System

- Schnittwerte:
- Standzeit:
- Werkzeugauswahl:
- Bearbeitungsfall: z. B. Eingriffsgrößen Werkstoff
- optimales Werkzeug/ alternative Werkzeuge

Schnittwertdatenbank

- Einstellwerte: Schnittwerte, Einsatzmöglichkeiten
- Werkzeugverwaltung: Kosten-/Bestandskontrolle
- Bestand u. Lagerort: Zustand, Standzeit max.

- Baumaße: Abmessungen
- Werkzeugcodierung: Vermessungsdaten, Einsatzdaten

Elektronischer Katalog

- Baumaße:
- Technologische Inf.:
- Bestelldaten:
- Preis:
- Werkzeugtyp und Lieferant: Verfügbarkeit

Schnittwerte, Abmessungen, Einsatzempfehlungen, Preisdaten, Liefermöglichkeiten

Planen

1. Informieren Sie sich über die Hard- und Softwarekomponenten eines Tool-Management Systems.
2. Planen Sie ein Tool-Management System. Berücksichtigen Sie dabei folgende Überlegungen:
   - Welche Daten werden benötigt?
   - Wie werden diese Daten ermittelt?
   - In welchen Speichermodulen (Dateien) werden diese Daten gespeichert?
   - Welche computerunterstützten Fertigungsbereiche benötigen diese Daten (Schnittstellen)?
   - Stellen Sie Ihr System in einer übersichtlichen Struktur dar.

Durchführen

Nachfolgend soll ein elektronisches Werkzeug-Identifizierungs-System für die rechnergestützte Fertigung genauer untersucht werden:

3. Welche Werkzeugdaten sind notwendig?
4. Beschreiben Sie mögliche Übertragungswege der Werkzeugdaten von der Werkzeugvermessung bis zum Einsatz des Werkzeuges in der Maschine und die notwendigen Komponenten.
5. Unterscheiden Sie zwischen Werkzeug- und Platzkodierung.

Beurteilen

6. Wie wirkt sich die Einführung eines Tool-Management-Systems für den einzelnen Mitarbeiter und auf den Produktionsablauf im Unternehmen aus?
7. Welche Vorteile hat ein elektronisches Werkzeug-Identifizierungs-System gegenüber einer herkömmlichen Werkzeugverwaltung?

LS 11.4 Flexible Fertigungssysteme

Betrieblicher Arbeitsauftrag *Production work order*

Fertigungssysteme vergleichen *Comparing manufacturing systems*

Lernsituation 11.4 Flexible Fertigungssysteme *Flexible manufacturing systems*

Analysieren

Produkte werden durch Anwenden verschiedener, aufeinander abgestimmter Fertigungsverfahren hergestellt. Bei kleinen bis mittleren Stückzahlen kommen Bearbeitungszentren, teilweise mit Werkstückwechselsystemen zum Einsatz. Höhere Stückzahlen ermöglichen eine wirtschaftliche Fertigung in flexiblen Fertigungssystemen. Diese umfassen mehrere Bearbeitungszentren und einen über einen Leitrechner gesteuerten Werkstücktransport. In der Serienfertigung produzieren hoch automatisierte Transfer-Straßen oder Sondermaschinen komplexe Produkte mit hoher Prozesssicherheit.

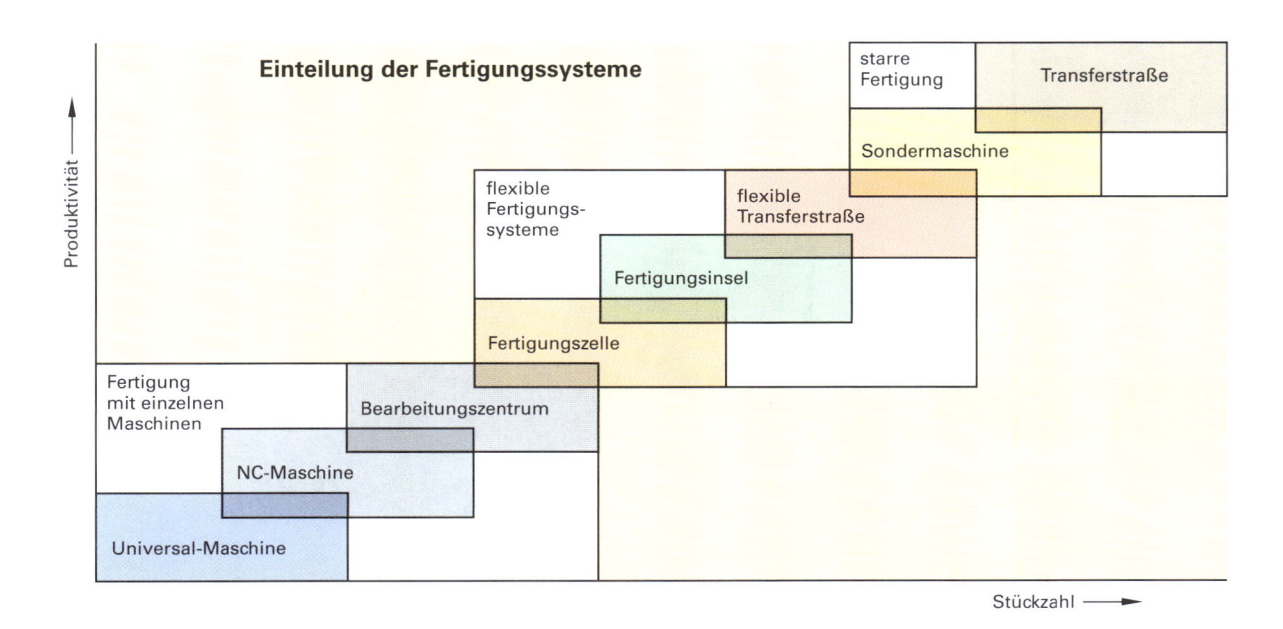

Einteilung der Fertigungssysteme (Produktivität vs. Stückzahl): Universal-Maschine, NC-Maschine, Fertigung mit einzelnen Maschinen, Bearbeitungszentrum, Fertigungszelle, Fertigungsinsel, flexible Fertigungssysteme, flexible Transferstraße, Sondermaschine, starre Fertigung, Transferstraße.

Planen

1. Vergleichen Sie die verschiedenen Fertigungssysteme.
Erstellen Sie dazu eine Tabelle (siehe unten) mit den besonderen Merkmalen.

Merkmal	Fertigung mit einzelnen Maschinen	Flexible Fertigungssysteme	Transferstraße
Maschinenkonzept			
Steuerung			
Werkstückspeicher			
Werkstücktransport			
Stückzahlen			
Flexibilität			
Qualifikation Bedienungspersonal			

LS 11.4 Flexible Fertigungssysteme

Durchführen

Nebenstehendes Werkstück wird als Dreh-Frästeil in Serie auf einem flexiblen Fertigungssystem gefertigt (siehe Bild).

Die zentrale Steuerung der Anlage übernimmt ein Fertigungsleitrechner.

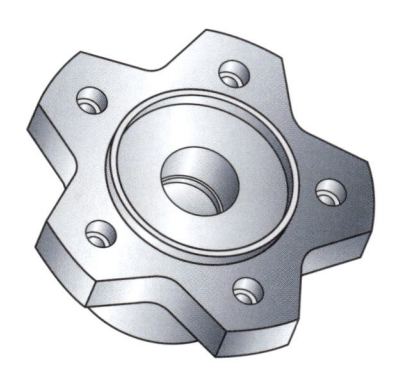

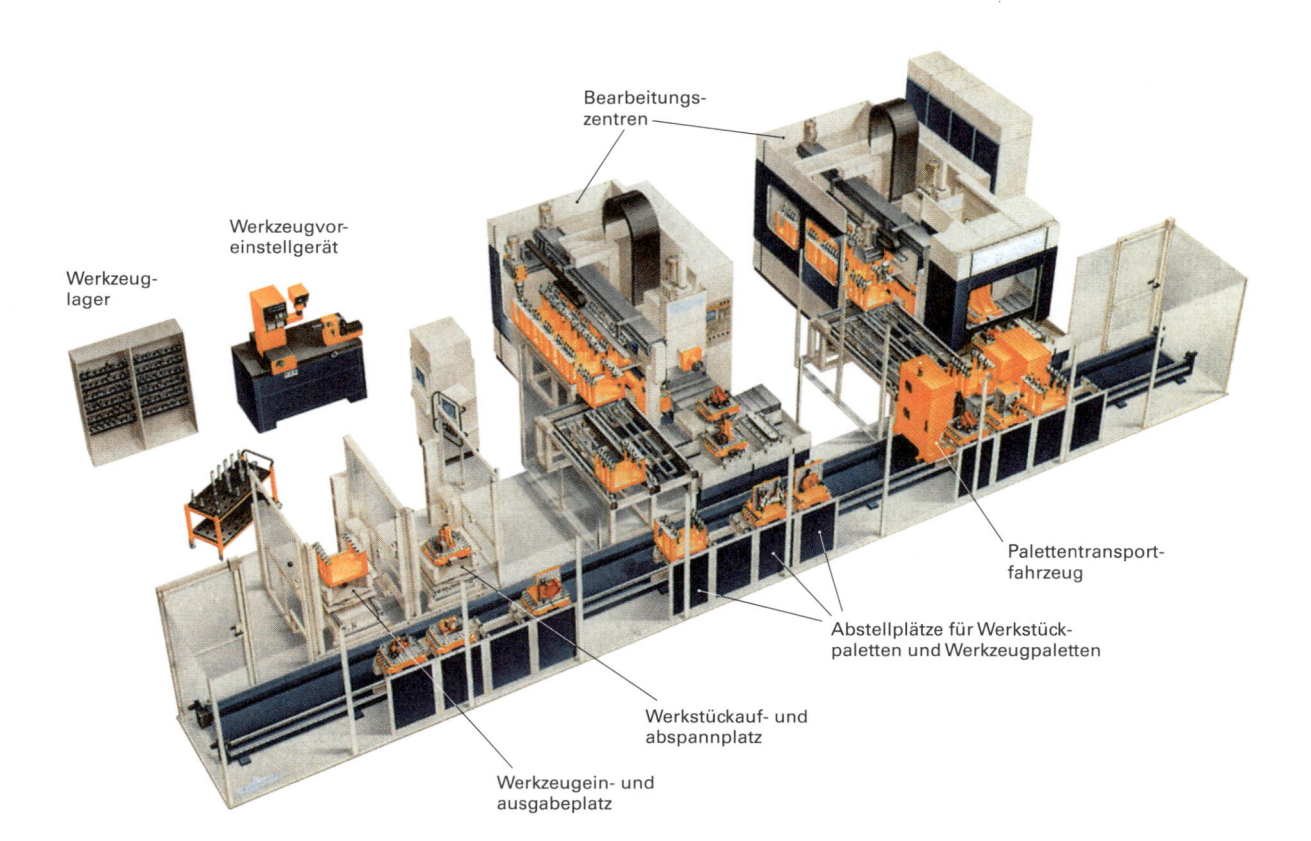

Bildbeschriftungen:
- Werkzeuglager
- Werkzeugvoreinstellgerät
- Bearbeitungszentren
- Palettentransportfahrzeug
- Abstellplätze für Werkstückpaletten und Werkzeugpaletten
- Werkstückauf- und abspannplatz
- Werkzeugein- und ausgabeplatz

2. Beschreiben Sie den Aufbau, die Komponenten und den Fertigungsablauf des flexiblen Fertigungssystems.

Beurteilen

3. Welche Aufgaben übernimmt der Fertigungsleitrechner?

4. Beschreiben Sie die besonderen Merkmale von flexiblen Fertigungssystemen.

5. Für welche Aufträge ist das dargestellte Fertigungssystem geeignet?

LS 11.5 Maschinenfähigkeitsnachweis

Betrieblicher Arbeitsauftrag *Production work order*

Die Maschinenfähigkeit bestimmen *Testing machine capability*

Lernsituation 11.5
Maschinenfähigkeitsnachweis
Machine capability test

Analysieren

In der Serienfertigung wird zur Sicherstellung der Werkstückqualität eine Maschinenfähigkeitsuntersuchung durchgeführt.
Am Beispiel Nutenfräsen soll in einem Versuch die Maschinenfähigkeit nachgewiesen werden.
Zur Untersuchung der Maschinenfähigkeit bzw. Prozessfähigkeit werden mindestens 50 Teile in Folge gefertigt.
Die sogenannten „5 M-Einflüsse" Mensch, Material, Fertigungsmethode (Schnittbedingungen, Werkzeuge bzw. Schneidplatten), Messmethode, Maschinentemperatur dürfen sich während der Untersuchung nicht ändern.

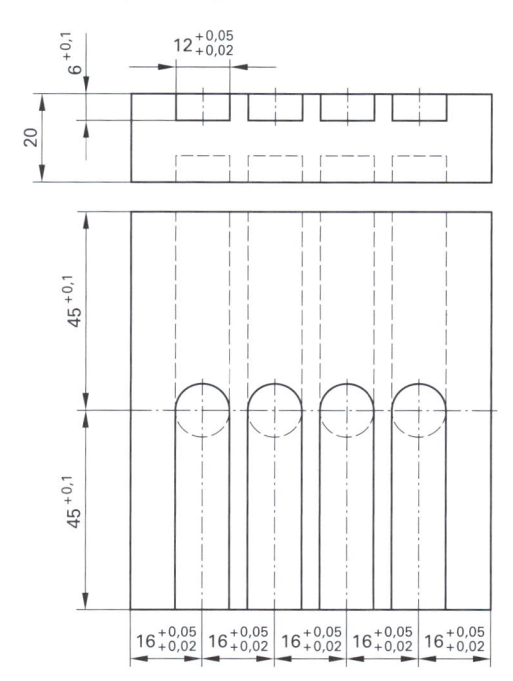

Planen

Urwertliste:	Stichproben Nr.: 1 bis 50
Prüflos:	500
Auftrags- Nr.:	8.527.46387
Prüfmerkmal:	Nutbreite 12 +0,05 / +0,02
Zeichnungs- Nr.:	8528226
Prüfer:	md
Werkzeug:	Schaftfräser Typ W, D = 10 mm, HSS-E
Halbzeug:	Flach 80 x 70 x 20, Werkstoff: AlCuMgPb3

Urwertliste mit Stichproben – Nr.: 1 bis 50

Nr.:	1...10	11...20	21....30	31....40	41....50
	12,038	12,035	12,039	12,040	12,038
	12,040	12,041	12,036	12,040	12,039
	12,038	12,035	12,036	12,038	12,040
	12,038	12,037	12,035	12,039	12,039
	12,035	12,038	12,040	12,036	12,036
	12,036	12,037	12,035	12,038	12,040
	12,038	12,038	12,038	12,038	12,039
	12,039	12,035	12,038	12,040	12,035
	12,036	12,040	12,037	12,035	12,037
	12,040	12,038	12,038	12,040	12,038

Durchführen

Sie haben zur Auswertung die Messergebnisse von 50 Nuten zur Verfügung.

1. Erstellen Sie eine Strichliste der Istmaße und ermitteln Sie die absolute und die relative Häufigkeit der Messwerte in %.

Strichliste der Messwerte

Klasse Nr.	Messwert >	<	Strichliste	n_j absolut	h_j relativ in %
1					
2					
3					
4					
5					
6					
7					
			Σ	50	100

2. Erstellen Sie ein Histogramm der Messwerte.
Tragen Sie dazu die absolute Häufigkeit in den jeweiligen Klassen und die Toleranzgrenzen ein.

Zeichnen Sie die Verteilung der Häufigkeiten in das Diagramm ein.

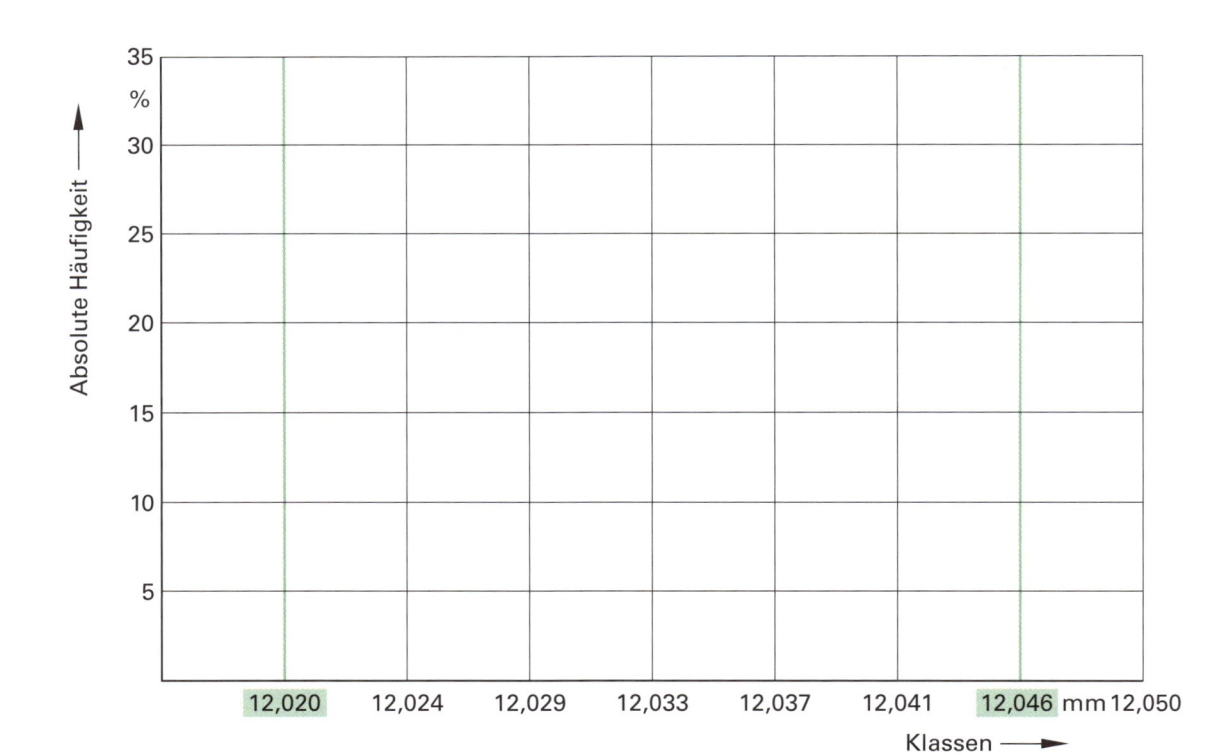

LS 11.5 Maschinenfähigkeitsnachweis

3. Übertragen Sie die Messergebnisse aus der Urwertliste in eine Exceltabelle.

4. Berechnen Sie den arithmetischen Mittelwert $\bar{x}$ der 50 Messwerte.

$\bar{x} =$

5. Berechnen Sie die Standardabweichung s.

$s =$

6. Bestimmen Sie für den Prozess den Wert Δkrit.

$\Delta\text{krit} =$

7. Bestimmen Sie den Maschinenfähigkeitsindex C_m.

$C_m =$

8. Bestimmen Sie den Maschinenfähigkeitsindex C_{mk}.

$C_{mk} =$

Beurteilen

Die Maschinenfähigkeit gilt üblicherweise als nachgewiesen, wenn $C_m \geq 1{,}67$ und $C_{mk} \geq 1{,}67$ ist.

9. Bewerten Sie die ermittelte Maschinenfähigkeit.

10. Welche Aussage lässt sich aus dem C_{mk}- und dem Δ krit-Wert ableiten?

LS 11.6 Industrieroboter

Betrieblicher Arbeitsauftrag *Production work order*

Merkmale von Industrierobotern zuordnen *Assigning features of industrial robots*

Lernsituation 11.6 Industrieroboter *Industrial robots*

Analysieren

1. Bei den Handhabungsgeräten unterscheidet man zwischen den Manipulatoren, den Pick-and-Place-Geräten und den Industrierobotern.
   Ordnen Sie die Handhabungsgeräte in die untenstehende Übersicht ein.

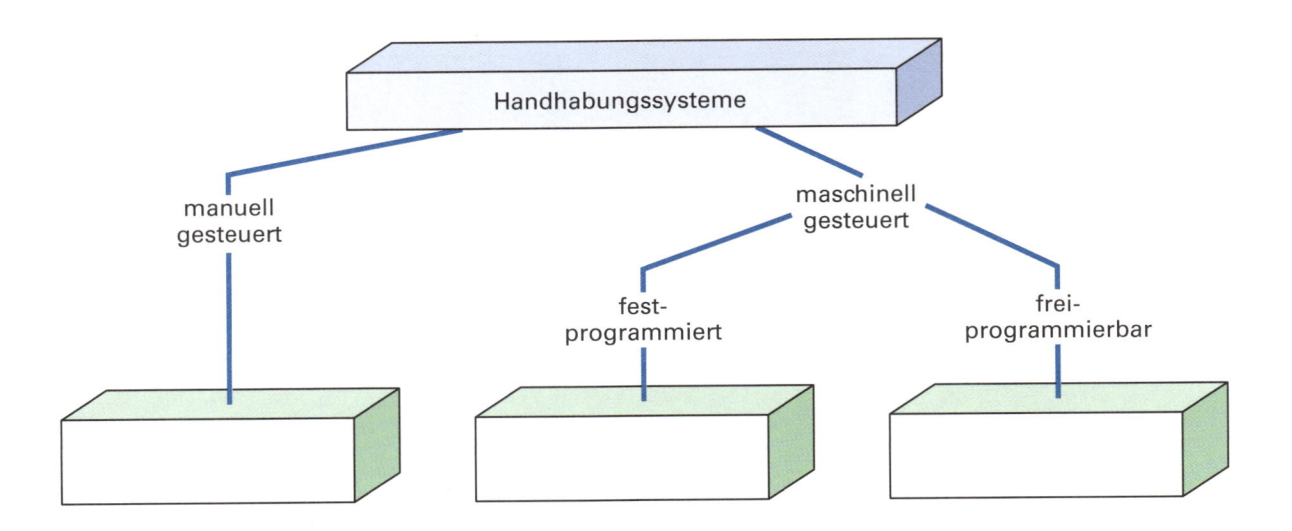

```
                    Handhabungssysteme
                   /                  \
          manuell                      maschinell
         gesteuert                     gesteuert
                                    /            \
                              fest-              frei-
                           programmiert      programmierbar
         [    ]            [      ]            [      ]
```

Planen

Der kinematische Aufbau eines Industrieroboters wird durch die Art und Anzahl der Bewegungsachsen bestimmt. Mit den drei rotatorischen Hauptachsen erreicht der Roboter verschiedene Punkte im Raum.
Zur Einstellung eines Greifers oder Werkzeuges sind drei weitere Nebenachsen erforderlich.

2. Ordnen Sie die drei Hauptachsen und die drei Nebenachsen zu.

Hauptachsen zur Positionierung im Raum:

Achsen Nr.: [   ]

Nebenachsen zur Orientierung im Raum:

Achsen Nr.: [   ]

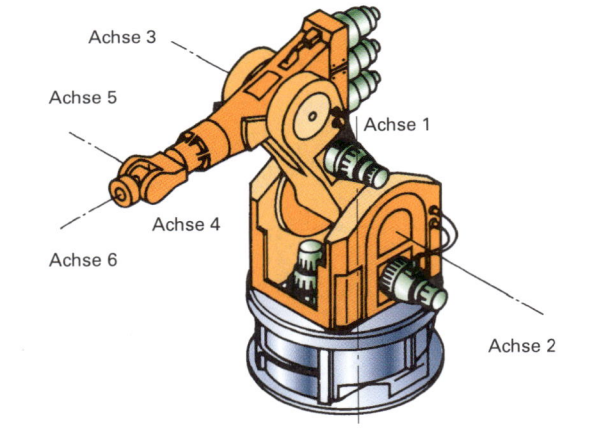

Die 6 Achsen eines Roboters zur Einstellung der Position und zur Orientierung

LS 11.6 Industrieroboter

Planen

Das Bewegungssystem eines Industrieroboters besteht aus mehreren Achsen mit jeweils eigenem Antrieb, Wegmesssystem und numerischer Wegsteuerung. Damit der Roboterarm im Raum jeweils einen vorgegebenen Punkt anfahren kann, müssen im Arbeitsraum Zielkoordinaten angegeben werden können. Dazu benötigt man mindestens ein Koordinatensystem mit einem festen Bezugspunkt. In der Robotertechnik werden verschiedene Koordinatensysteme verwendet.

3. Welche Koordinatensysteme sind in den drei Beispielen dargestellt?

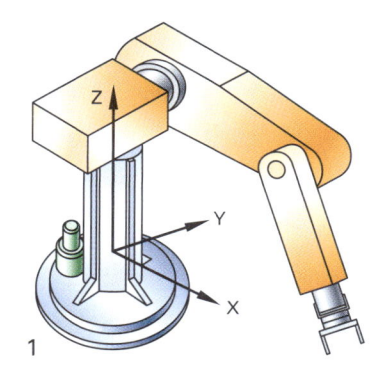

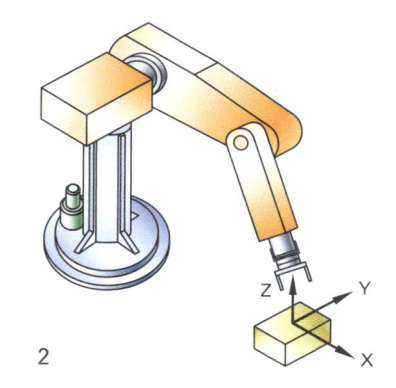

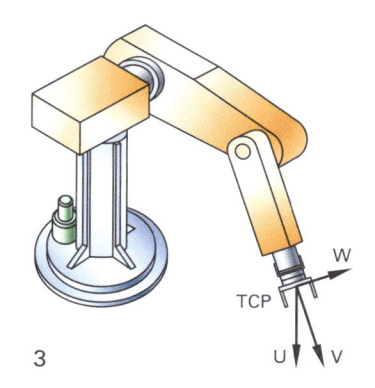

4. Tragen Sie die Namen der Koordinatensysteme in die Tabelle ein und beschreiben Sie den Bezugpunkt bzw. die Bezugsebene und die Lage der Achsen.

Koordinatensystem	Bezug

5. Welche Kenngrößen bestimmen die Industrieroboter?

Hinweis: Erarbeiten Sie die Themen mithilfe des Fachkunde- und des Tabellenbuchs sowie des Internets. Bsp. http://www.roboter.com (Sämtliche Industrieroboter)

LS 11.6 Industrieroboter

Durchführen

Die Programmierung und Steuerung eines Industrieroboters erfordern Kenntnisse der Roboterachsen und der Bedienung der Robotersteuerung. Alle Elemente zur Programmierung und Bedienung des Robotersystems sind an dem Programmierhandgerät angebracht.

6. Welche Programmierarten werden beim Roboter angewendet?

7. Wie wird bei der Programmierung vorgegangen?

8. Beschreiben Sie den Aufbau der Teach-Box.

9. Beschreiben Sie die Bewegungsarten PTP und CP.

10. Was bedeutet die Abkürzung TCP und welche Bedeutung hat dieser für die Programmierung des Roboters?

11. Welche Betriebsarten sind an der Robotersteuerung möglich?

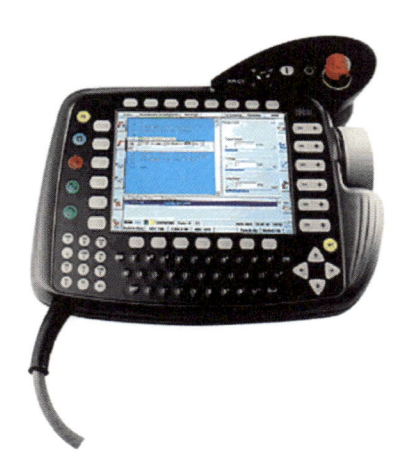

Beurteilen

12. Vergleichen Sie die Online- mit der Offline-Programmierung.

13. Ist das „Überschleifen" bei der Programmierung notwendig?

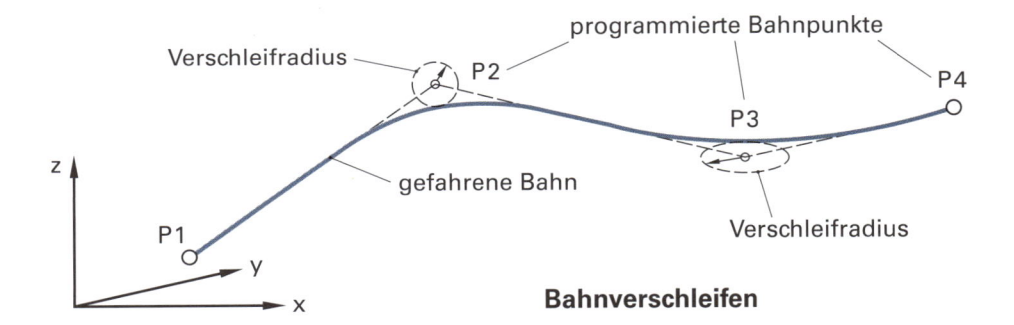

Bahnverschleifen

14. Der Maschinenbediener befindet sich zum Programmieren mit dem Handprogrammiergerät im Arbeitsraum des Roboters.
Welche Sicherheitsmaßnahmen sind dabei zu beachten?

15. Welche Sicherheitseinrichtungen sind bei Industrierobotern notwendig?

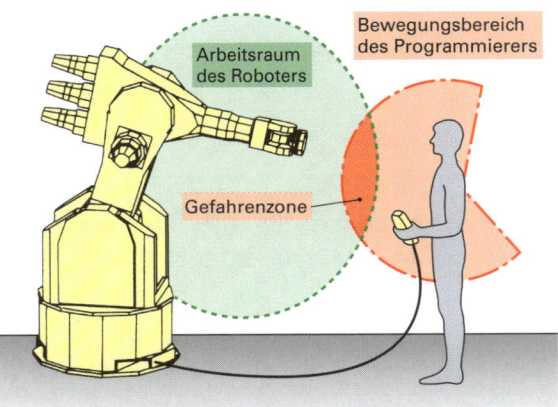

Standortwahl beim Programmieren

LS 11.7 Parameterprogrammierung mit Rechenparametern in der CNC-Technik

Betrieblicher Arbeitsauftrag *Production work order*

Fräsen einer Kontur mit einem CNC-Parameterprogramm
Parameter programming for CNC contour milling

Lernsituation 11.7 Parameterprogrammierung mit Rechenparametern in der CNC-Technik
Arithmetic parameter programming in CNC engineering

Analysieren

Für einen Kundenauftrag wurden bisher für einen Zahnradpumpentyp Gehäusedeckel aus Aluminium mit einer Dichtungsnut am PC programmiert.

Das Programm wurde mit einem Postprozessor für Steuerung aufbereitet und der Deckel auf dem Bearbeitungszentrum gefräst.
Der Kunde möchte nun sein Angebotsspektrum für diesen Pumpentyp erweitern. Dazu sind Varianten mit unterschiedlichen geometrischen Abmessungen zu fertigen.

```
SINUMERIK 810D/840D
;/._N_PARAMETER_MPF
;Achtung: Auf Maschine Wkz und
;Nullpunkt berücksichtigen!!
G90
G17
G54
;Maschinenwerkzeug = T1
T7 S3000 F400 M6
M3
G0 X0 Y20 Z2
G1 Z-0.2
G1 X-15
G3 X-25 Y-10 CR=10
G1 Y-10
G3 X-15 Y-20 CR=10
G1 X15
G3 X25 Y10 CR=10
G1 Y10
G3 X15 Y20 CR=10
G1 X0
G0 Z100
M5
T0 M6
M30
```

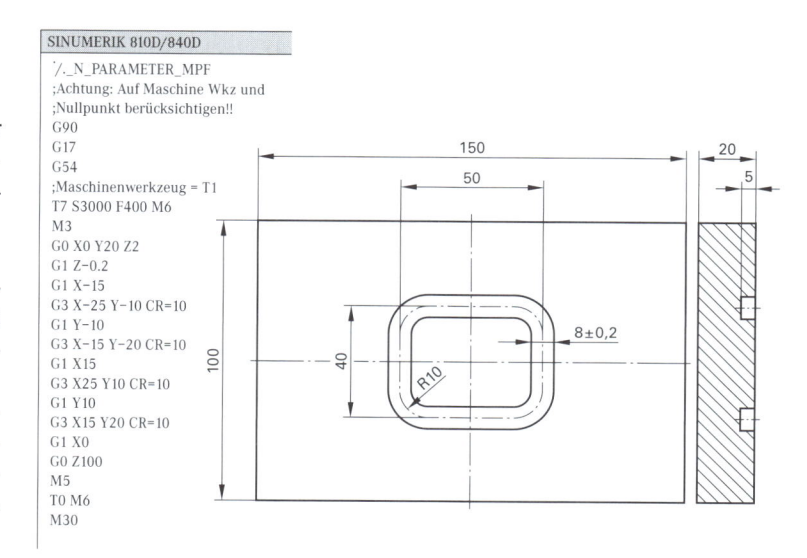

Um nicht für jede Abmessung ein eigenes CNC-Programm erstellen zu müssen, soll geprüft werden, ob diese Variantenprogramme mit Rechenparametern in einer Parameterprogrammierung zu verwirklichen sind.

Planen

Unten stehend sind drei Varianten der zu fertigenden Dichtungsnut dargestellt.

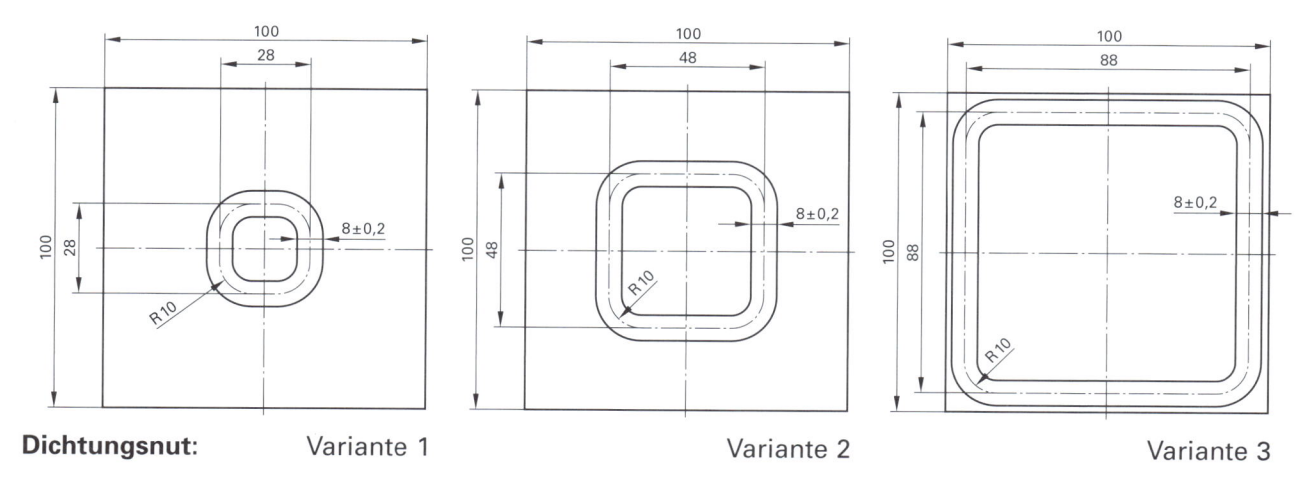

Dichtungsnut: Variante 1   Variante 2   Variante 3

Hinweise zur Parameterprogrammierung

- Parameter stehen stellvertretend für Zahlenwerte.
- Sie werden durch den Buchstaben R (Rechenparameter) und die Parameternummer (1...99) definiert.
- Dem Rechenparameter wird am Programmanfang ein Wert zugewiesen, z. B. R1 = 10, R2 = 20.57.
- Es handelt sich um den Datentyp Float (Fließkommazahl).
- Mit den Rechenparametern lassen sich Rechenoperationen wie Addition, Subtraktion, Multiplikation und Division durchführen, also z. B. R4 = R1 + R2 oder R2 = R55 · R44.
- Rechenparameter sind auf eine Achsadresse übertragbar, z. B. G0 x = R1

LS 11.7 Parameterprogrammierung mit Rechenparametern in der CNC-Technik

1. Überlegen Sie, welche Maße der Dichtungsnuten können durch Wertzuweisungen als Parameter oder als Parameter mit einer Rechenoperation beschrieben werden. Tragen Sie Ihre Parameter in die Zeichnung und die Tabelle ein.

Beachten Sie dabei folgende Kriterien:

- Verwenden Sie so wenige Parameter wie möglich.
- Die Nuttiefe soll auch mit einem Parameter definiert werden.
- Die Nutbreite und die Außenmaße werden nicht parametriert.
- Halten Sie die Anzahl der Wertzuweisungen so gering wie möglich, verwenden Sie stattdessen geeignete Rechenoperationen.
- Verwenden Sie als Parameternummern nur 1 bis 99.

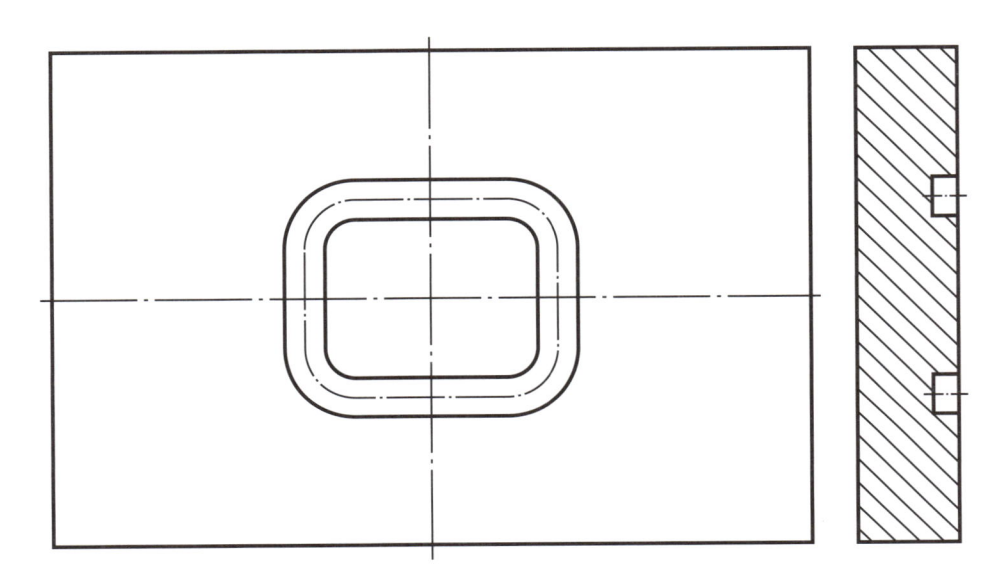

Parameter mit direkter Wertzuweisung	Parameter mit Rechenoperationen

LS 11.7 Parameterprogrammierung mit Rechenparametern in der CNC-Technik

Durchführen

2. Erstellen Sie mit Ihren Parametern ein CNC-Programm für die Dichtungsnut Variante 1. Übernehmen Sie die Werkzeugdaten für T7, $n = 3000$ min^{-1}, $v_f = 400$ mm/min und die Nullpunktverschiebung G55. Verwenden Sie als Programmeditor den „Windows-Editor".

Beachten Sie dabei folgende Regeln:

- Parameter müssen immer vor dem ersten Aufruf programmiert werden.
- Parameter, sollten wenn möglich immer am Programmanfang programmiert werden.
- Parameter für Unterprogramme immer direkt vor dem Unterprogrammaufruf programmieren.

3. Erstellen Sie mit Ihren Parametern im Programmeditor CNC-Programme für die Dichtungsnuten der Varianten 2 und 3.

Beurteilen

4. Welche Aufgaben hat ein Parameter?

5. Welche Eigenschaften sollten Rechenparameter haben, die für die Programmierung vorteilhaft sind?

6. Vergleichen Sie den Programmieraufwand für die Variantenkonstruktionen der Dichtungsnut ohne und mit der Parameterprogrammierung.

7. Für welche Arbeitsaufträge ist eine Parameterprogrammierung geeignet?

LS 11.8 CAD-CAM-Kopplung

Betrieblicher Arbeitsauftrag *Production work order*

Fräsen einer Computermaus
Milling a computer mouse

Lernsituation 11.8 CAD-CAM-Kopplung *Linking CAD and CAM*

Analysieren

Die Herstellung von Freiformflächen an einer Computermaus erfordert ein CAD-CAM-Modul zum Erzeugen und Bearbeiten von freien Flächengeometrien, oft basierend auf CAD-Flächen- oder Volumenmodellen.

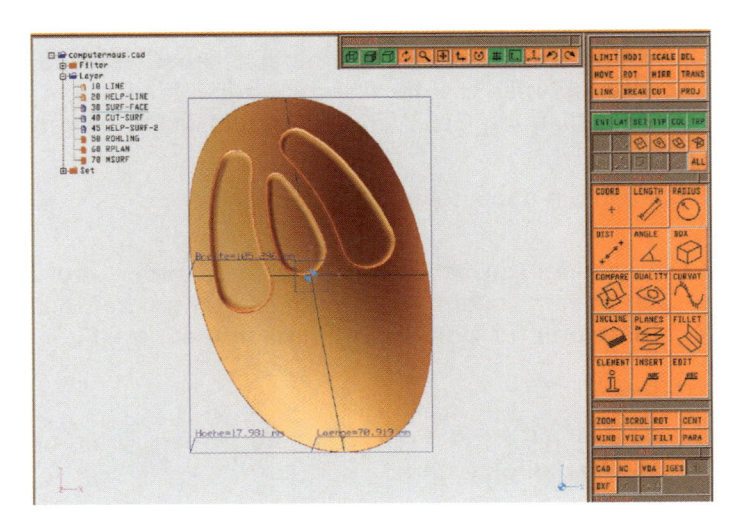

Planen

Zur Darstellung von Werkstücken in CAD-Systemen gibt es verschiedene Möglichkeiten.

1. Beschreiben Sie die Darstellung und die Anwendung von Werkstückgeometrien in 2D-CAD-Systemen.
2. Beschreiben Sie die Darstellung und die Anwendung von Werkstückgeometrien in 3D-CAD-Systemen.

Zur räumlichen Darstellung von Bauteilgeometrien in CAD werden folgende Modelltypen verwendet:
- Kanten- oder Drahtmodell (wireframe)
- Flächenmodell (surface)
- Volumenmodell (solid)

3. Beschreiben Sie die drei Modelltypen, die Darstellungsart und die Anwendungsmöglichkeiten.
4. Zur Übertragung der CAD-Daten auf die Maschinensteuerung werden definierte Schnittstellen benötigt. Eine Schnittstelle regelt den Datenaustausch zwischen kommunizierenden Systemkomponenten. Welche Schnittstellen werden zur CAD-CAM-Kopplung verwendet?

Durchführen

Fräsen der Computermaus auf der Basis eines CAD-Flächenmodells oder CAD-Volumenmodells

5. Technologie editieren → Bearbeitungsstrategie auswählen
   Mit der Auswahl einer geeigneten Bearbeitungsstrategie lässt sich die Fräsbearbeitung optimal an die Bauteilgeometrie anpassen. Beschreiben Sie die folgenden Bearbeitungsstrategien zur Fräsbearbeitung: Achsparallel, Konturkurvenparallel, Kurvennormal, z-konstant
6. Technologie editieren → Bearbeitungsparameter festlegen
   Bearbeitung mit einem Kugelkopffräser, Ø D = 8 mm.
   a) Welche Werkzeug-Schnittdaten sind festzulegen?
   b) Definieren Sie die Parameter Schnitttiefe und Zustellung (Zeilenbreite) beim Fräsen von Freiformflächen.

Beurteilen

7. Welcher Zusammenhang besteht beim Fräsen mit dem Kugelfräser zwischen der Rautiefe am Werkstück, dem Fräserdurchmesser und der Zeilenbreite?
8. Warum wird bei der Bearbeitung von Freiformflächen mit der Look-ahead-Funktion gearbeitet? Beschreiben Sie die Wirkungsweise dieser Steuerungsfunktion.

LS 11.9 Die Komplettbearbeitung eines Frästeils planen und vorbereiten

Betrieblicher Arbeitsauftrag *Production work order*

Die VEL Mechanik GmbH ist für ihren modernen Maschinenpark und ihr qualifiziertes Fachpersonal in der Region bekannt. Sie erhält von einem Kunden den Auftrag den dargestellten Grundkörper in Serienfertigung herzustellen. Deshalb und wegen der hohen Qualitätsanforderungen muss die Fertigung als 5-Seiten-Bearbeitung durchgeführt werden. Das Rohmaterial wird als Vierkantstange 80 nach DIN EN 754-4 geliefert.

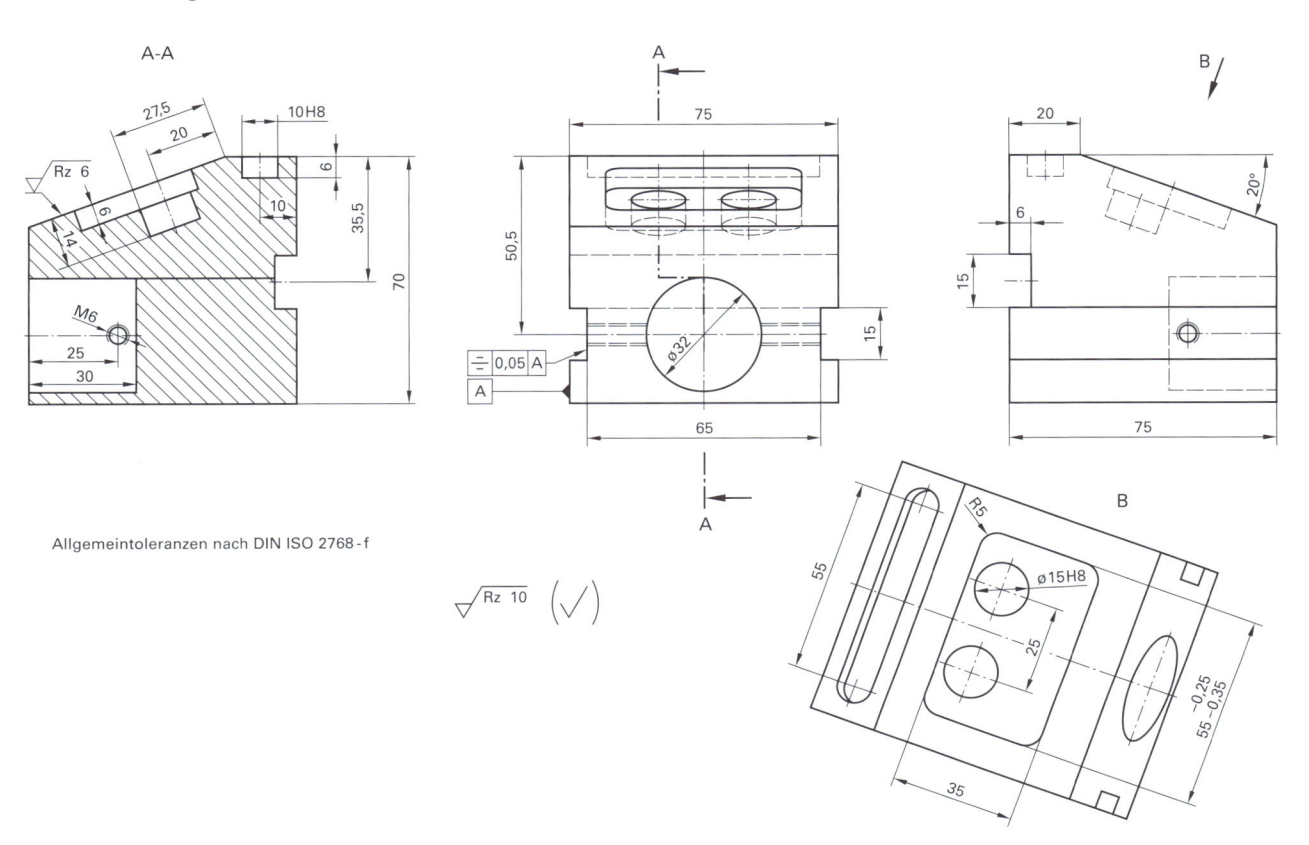

Allgemeintoleranzen nach DIN ISO 2768-f

Lernsituation 11.9 Die Komplettbearbeitung eines Frästeils planen und vorbereiten
Planning and preparing the complete machining of a milled part

Analysieren

Sind an einer CNC-Werkzeugmaschine zwei Drehachsen verfügbar, ist es möglich, jede beliebige Arbeitsebene einzustellen. Auch beim Programmieren der Drehachsen gilt der Grundsatz, dass das Werkzeug eine Relativbewegung zum Werkstück ausführt. Die Steuerung rechnet die programmierte Anweisung auf die Kinematik der angeschlossenen Maschine um. Dadurch können sich Achsrichtungen so stark verändern, dass der Facharbeiter Schwierigkeiten bekommt, die Bearbeitung zu überwachen. Auch die Gestaltung und Optimierung technologischer Abläufe wird erschwert. Deshalb muss für eine 5-Seiten-Bearbeitung eine Bearbeitungsstrategie entworfen werden.

1. Legen Sie in der oben dargestellten Fertigungszeichnung den Werkstücknullpunkt fest und geben Sie in der Tabelle auf der folgenden Seite für alle Bearbeitungsebenen die Nullpunktverschiebung und die ggf. erforderlichen Schwenkbewegungen an.

In der Praxis programmieren viele Facharbeiter die Schwenkbewegungen grundsätzlich über die C-Achse und die A-Achse, ganz gleich, welche Achsen an der Maschine tatsächlich vorhanden sind.

2. Ergänzen Sie in der Tabelle für alle Bearbeitungsebenen die Schwenkbewegung über die C- und A-Achse.

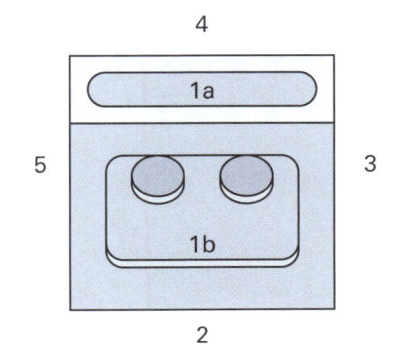

LS 11.9 Die Komplettbearbeitung eines Frästeils planen und vorbereiten

Bearbeitungs-ebene	1a	1b	2	3	4	5
Nullpunktverschiebung von W						
erforderliche Schwenkbewegung						
Schwenkbewegung nach CA-Strategie						

Planen

Durch das Arbeiten mit Schwenkbewegungen erhöht sich die Kollisionsgefahr zwischen Werkzeug und Werkstück bzw. Spannmittel oder Maschinentisch deutlich. Deshalb haben Kollisionsbetrachtungen eine noch höhere Bedeutung als bei der klassischen Bearbeitung im 2D-Bereich.

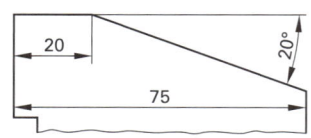

Mindestabstand in mm	
Fräserdurchmesser in mm	

3. Bestimmen Sie den Mindestabstand und den minimal notwendigen Fräserdurchmesser, wenn die Fertigbearbeitung der Schräge mit einem Schnitt erfolgen soll.

4. Schreiben Sie für die Fertigungsaufgabe eine formale Folge der beim Wechsel zwischen den einzelnen Bearbeitungsebenen notwendigen Arbeitsschritte nieder.

Durchführen

Für die Kollisionsbetrachtung ist es erforderlich eine exakte Spannskizze zu erstellen, auf der alle relevanten geometrischen Größen genau berücksichtigt werden. Die Spannmittelhersteller haben speziell für die Mehrseiten-Bearbeitung sehr kompakt gestaltete Spannmittel entwickelt.

5. Recherchieren Sie alle relevanten Maße und zeichnen Sie für Ihre Maschine eine Spannskizze zur Bearbeitung in der Ebene 2.
6. Geben Sie die erforderliche Rohteillänge an, um an Ihrer Maschine das Werkstück fertigen zu können.
7. Erstellen Sie einen vollständigen Arbeits- und Werkzeugplan zur Herstellung des Grundkörpers.
8. Erstellen Sie einen Prüfplan, mit dem die Qualität gesichert und dokumentiert werden kann.

Um eine übersichtliche Programmstruktur zu erreichen, werden die Bearbeitungsabläufe in den einzelnen Ebenen in unterschiedliche (Unter-)programme geschrieben und dann über ein Hauptprogramm verknüpft.

9. Erstellen Sie alle zur Fertigung des Grundkörpers erforderlichen CNC-Programme und simulieren Sie die Fertigung.
10. Vervollständigen Sie Ihren Werkzeugplan aus Aufgabe 7.

Beurteilen

11. Visualisieren Sie das Vorgehen beim Erstellen des CNC-Programms mit einem CAM-System.
12. Drucken Sie ggf. Ihre digital gespeicherten Dokumente eindeutig beschriftet aus.
13. Ordnen Sie alle Ihre Unterlagen zur bearbeiteten Lernsituation.

LS 12.1 In einem betrieblichen Auftrag ist eine Grundaufnahme herzustellen

LF 12 Vorbereiten und Durchführen eines Einzelfertigungsauftrages *Preparing and executing a single-part production order*

Betrieblicher Arbeitsauftrag *Production work order*

Herstellen einer Grundaufnahme *Manufacturing a basic seat*

Lernsituation 12.1 In einem betrieblichen Auftrag ist eine Grundaufnahme herzustellen *Manufacturing a basic seat according to a production work order*

Analysieren

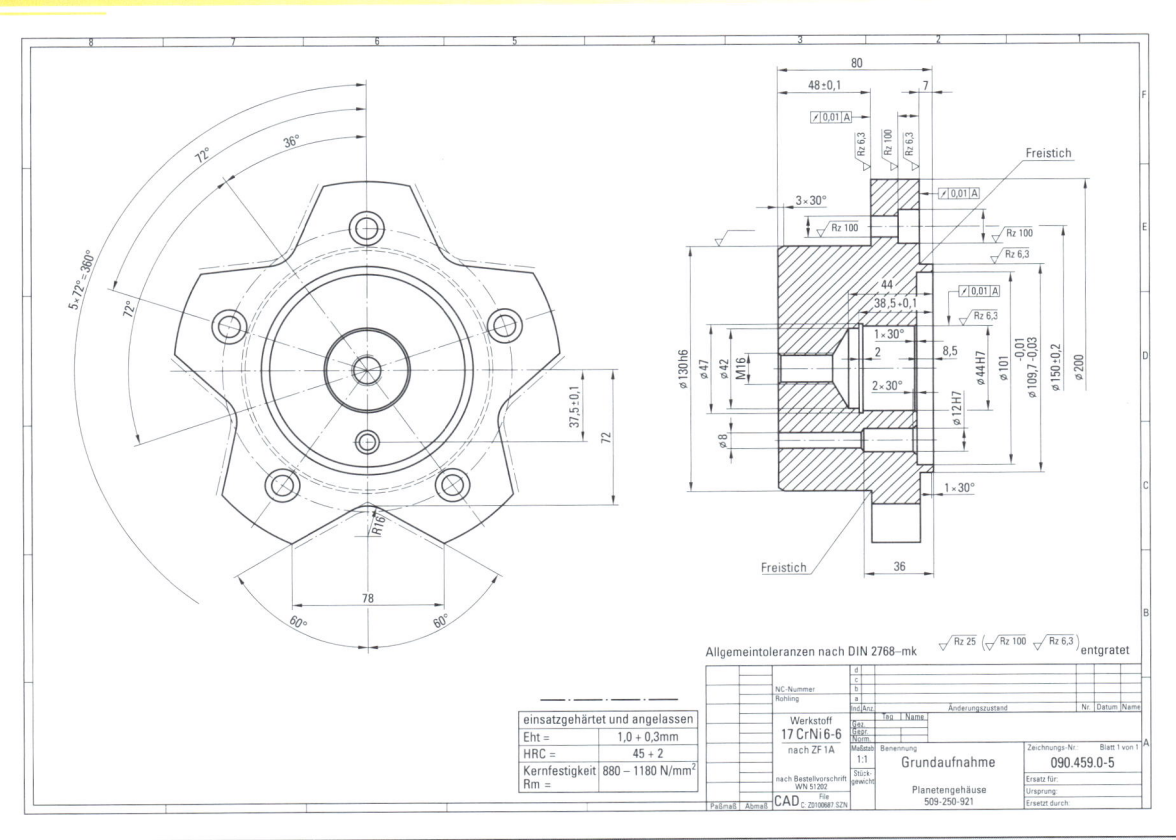

Auftrags- und Funktionsanalyse	Fertigungstechnik
1. Planung	**1. Planung**
1.1 Werkstoffanalyse	1.6 Werkzeuggeometrie
1.2 Werkstoffeigenschaften	1.7 Schneidstoff
1.3 Wärmebehandlung	1.8 Schnittkraft, Leistung
1.4 Härteprüfung	1.9 Werkstückoberfläche
1.5 Fertigungsplanung	
2. Durchführung	**2. Durchführung**
2.1 Grenzmaße, Toleranzen	2.5 CNC-Technik
2.2 Qualitätsanalyse	2.6 CNC-Technik
2.3 Form-Lagetoleranzen	2.7 Maße, Koordinaten
2.4 Funktionsanalyse	2.8 Spannmittel, Fertigungsverfahren
	2.9 Feinbearbeitung
3. Bewertung	**3. Bewertung**
3.1 Auswählen der Fertigungsverfahren	3.4 Hauptzeit
3.2 Bewertung der Varianten	3.5 Wärmedehnung, Messfehler
3.3 Steuerungstechnik	3.6 Wirtschaftlichkeit, Verschleiß, Leistungsvergleich

Werkzeugliste für die Grundaufnahme

Werkzeug- Nr.: T1 Bezeichnung: Kurzstufenbohrer 180° Durchmesser: 11 mm x 18 mm Schnittgeschwindigkeit: 65 m/min Schneidstoff: HM Vorschub- geschwindigkeit: 100 mm/min		**Werkzeug- Nr.:** T2 Bezeichnung: Spiralbohrer Durchmesser: 14 mm Schnittgeschwindigkeit: 70 m/min Schneidstoff: HM Vorschub- geschwindigkeit: 120 mm/min
Werkzeug- Nr.: T3 Bezeichnung: Spiralbohrer Durchmesser: 8 mm Schnittgeschwindigkeit: 70 m/min Schneidstoff: HM Vorschub- geschwindigkeit: 140 mm/min		**Werkzeug- Nr.:** T4 Bezeichnung: Spiralbohrer Durchmesser: 11,7 mm Schnittgeschwindigkeit: 18 m/min Schneidstoff: HSS Vorschub- geschwindigkeit: 130 mm/min
Werkzeug- Nr.: T5 Bezeichnung: Reibahle Durchmesser: 12 mm Zähnezahl: 6 Schnittgeschwindigkeit: 13 m/min Schneidstoff: HM Vorschub- geschwindigkeit: 50 mm/min		**Werkzeug- Nr.:** T6 Bezeichnung: Wendeplatten- bohrer Durchmesser: 40 mm Schnittgeschwindigkeit: 150 m/min Schneidstoff: HM Vorschub- geschwindigkeit: 100 mm/min
Werkzeug- Nr.: T7 Bezeichnung: Gewinde- bohrer Durchmesser: M16 Schnittgeschwindigkeit: 12 m/min Schneidstoff: HSSE		**Werkzeug- Nr.:** T8 Bezeichnung: Drehmeißel R/L (schruppen) Schnittgeschwindigkeit: 190 m/min Schnitttiefe a_p max: 4 mm Schneidstoff: HM Vorschub: 0,3 mm
Werkzeug- Nr.: T9 Bezeichnung: Drehmeißel R/L (schlichten) Schnittgeschwindigkeit: 350 m/min Schnitttiefe a_p max: 0,5 mm Schneidstoff: HM Vorschub: 0,1 mm		**Werkzeug- Nr.:** T10 Bezeichnung: Bohrstange R/L Schnittgeschwindigkeit: 240 m/min Schnitttiefe a_p max: 1 mm Schneidstoff: HM Vorschub- geschwindigkeit: 50 mm/min
Werkzeug- Nr.: T11 Bezeichnung: WSP-Schaftfräser (schruppen) Durchmesser: 25 mm Zähnezahl: 2 Schnittgeschwindigkeit: 160 m/min Schneidstoff: HM Vorschub- geschwindigkeit: 70 mm/min		**Werkzeug- Nr.:** T12 Bezeichnung: Schaftfräser (schlichten) Durchmesser: 25 mm Zähnezahl: 5 Schnittgeschwindigkeit: 40 m/min Schneidstoff: HSSE Vorschub- geschwindigkeit: 25 mm/min
Werkzeug- Nr.: T13 Bezeichnung: Bohrstange (für Inneneinstich; Internal rechts) Querauslage: 20 mm Schnittgeschwindigkeit: 140 m/min Schneidstoff: HM Vorschub- geschwindigkeit: 50 mm/min		

Planen

Planen eines Einzelfertigungsauftrages „Grundaufnahme"

1. Erläutern Sie die Werkstoffbezeichnung der Grundaufnahme.

2. a) Welche mechanischen Eigenschaften hat dieser Werkstoff?
   b) Welchen Einfluss haben diese Eigenschaften auf den Spanungsvorgang?

3. Das Werkstück wird entsprechend der Zeichnungsangabe wärmebehandelt.
   a) Beschreiben Sie die Eigenschaftsänderungen des Werkstoffs.
   b) Nennen Sie die Schritte des Wärmebehandlungsprozess mit Angabe der jeweiligen Temperaturen.

4. Das Ergebnis der Wärmebehandlung soll mittels einer Härteprüfung geprüft werden.
   a) Mit welchem Härteprüfverfahren kann der Härtewert überprüft werden?
      Beschreiben Sie dieses Härteprüfverfahren.
   b) Geben Sie ein weiteres geeignetes Härteprüfverfahren an und den vergleichbaren Härtewert.

5. Die 5 zylindrischen Senkungen auf Teilkreis Ø 150 sollen nach DIN 974 hergestellt werden.
   Das Werkstück wird mit Zylinderschrauben mit Innensechskant DIN EN ISO 4762 – M10 befestigt.
   Bestimmen Sie den Durchmesser der Durchgangsbohrung, den Senkdurchmesser und die Senktiefe.

6. Der Durchmesser 130 mm der Grundaufnahme aus 17CrNi6-6 soll durch Schruppdrehen mit einer beschichteten Hartmetallplatte vorbearbeitet werden.
   Wählen Sie zur Schruppbearbeitung eine geeignete Wendeschneidplatte (WSP) und einen Schneidstoff aus.
   Geben Sie die vollständige DIN-Bezeichnung der WSP und des Schneidstoffes an.

7. Die Aussparungen an dem Durchmesser Ø 200 mm werden mit einem Schaftfräser (Ø 30 mm, z = 4) mit den Angaben HSSE – PM – TiCN – TIN im Gleichlauf gefräst.
   a) Erläutern Sie die Schneidstoffangabe.
   b) Warum werden hochwertige HSS- Werkzeuge pulvermetallurgisch hergestellt?
   c) Bestimmen Sie die Drehzahl und die Vorschubgeschwindigkeit des Werkzeuges mit den Schnittdaten Ihres Tabellenbuches.

8. Der Durchmesser 130 mm der Grundaufnahme aus 17CrNi 6-6 soll durch Schruppdrehen mit der Schnitttiefe a_p = 2,5 mm, einer Schnittgeschwindigkeit v_c = 180 m/min und einem Vorschub f = 0,2 mm vorbearbeitet werden.
   Die spezifische Schnittkraft k_c beträgt 2280 N/mm².
   a) Berechnen Sie die Schnittkraft F_c.
   b) Berechnen Sie die Schnittleistung P_c.

9. Der Durchmesser 130 mm an der Grundaufnahme aus 17CrNi 6-6 soll mit einer Oberflächengüte Rz 6,3 µm durch Drehen mit einer beschichteten Hartmetallplatte fertigbearbeitet (Schnitttiefe a_p = 0,4 mm) werden.
   a) Was bedeutet die Angabe Rz 6,3 und wie wird der Oberflächenkennwert bestimmt?
   b) Welche Schnittwerte (v_c, f) und welcher Eckenradius sind dazu auszuwählen?

Durchführen

Durchführen eines Einzelfertigungsauftrages „Grundaufnahme"

1. Das Gegenstück in der Spannvorrichtung in welches die Grundaufnahme montiert wird, hat den Durchmesser 130H7. Um eine wiederholte Montage und Demontage zu ermöglichen ist eine Spielpassung vorgesehen.
   Das Mindestspiel im gefügten Zustand soll 0 µm betragen.
   a) Wählen Sie für den Durchmesser 130 mm der Grundaufnahme eine geeignete Passung aus und bestimmen Sie das mögliche Höchstspiel.
   b) Berechnen Sie für den Durchmesser 130 mm der Grundaufnahme das obere und untere Grenzmaß und die Toleranz.

2. Die Oberflächenrauheit steht in Abhängigkeit zur Maßtoleranz.
   a) Welche Abhängigkeit besteht zwischen der Oberflächenrauheit und dem ISO-Toleranzgrad?
   b) Welche gemittelte Rautiefe Rz darf die Oberfläche am Durchmesser 130 mm höchstens haben, wenn die Maßtoleranz 0,025 mm beträgt?

3. Der Zylinder Ø 109,7 mm der Grundaufnahme muss zu Zylinder Ø 130 mm eine Rundlaufgenauigkeit von 0,01 mm aufweisen.
   a) Ergänzen Sie in der Zeichnung die korrekte Lagetolerierung und das Bezugselement nach DIN ISO 1101.
   b) Beschreiben Sie die Vorgehensweise beim konventionellen Prüfen der Rundlaufgenauigkeit.

4. An den Durchmessern 130 mm und 109,7 mm ist jeweils ein Freistich vorzusehen.
   a) Um sicherzustellen, dass die Planfläche am Durchmesser 130 mm im montierten Zustand am Gegenstück flächig anliegt, ist ein Freistich nach Norm vorzusehen. Ergänzen Sie die vollständige Normbezeichnung des Freistiches in der Zeichnung.
   b) Der Durchmesser 109,7 mm und die Planfläche auf Durchmesser 200 mm sollen nach dem Vordrehen durch Schleifen fertigbearbeitet werden.
   Aus welchem fertigungstechnischen Grund ist an dieser Stelle ein Freistich notwendig?

5. Geben Sie den vollständigen Teilkreis-Bohrzyklus zum Bohren der fünf Durchgangsbohrungen mit Ø 11 mm an. Startbohrung ist die obere Bohrung mit den Koordinaten X = 0 mm und Y = 75 mm.
   Werkzeugwechsel (X150, Z150), Werkzeug: T10 HSS-TiN beschichtet

6. Geben Sie den vollständigen Dreh-Abspanzyklus längs zum Schruppen von Durchmesser Ø 200 mm auf Ø 130 mm an. Beschreiben Sie diesen CNC-Programmabschnitt mit Werkzeugaufruf, Schnittdaten, Dreh-Abspanzyklus bis zum Werkzeugwechsel (X150, Z150).
   Bearbeitungszugabe in X- und Z-Richtung 0,2 mm.

7. Die Senkung 2 × 30° an der Bohrung Ø 12H7 soll mit einem NC-Anbohrer (Spitzenwinkel 60°) hergestellt werden. Berechnen Sie die erforderliche Senktiefe der Bohrerspitze.

8. Die Aussparungen an Durchmesser Ø 200 mm werden mit einem Schaftfräser (Ø 30 mm, z = 4) im Gleichlauf gefräst.
   a) Welche Vorteile bietet das Gleichlauffräsen gegenüber dem Gegenlauffräsen?
   b) Welche Möglichkeiten gibt es, den zylindrischen Fräserschaft zu spannen?
   Wählen Sie ein geeignetes Spannmittel aus, um den zylindrischen Fräserschaft im Hinblick auf guten Rundlauf zu spannen und beschreiben Sie ihr Spannsystem.

9. Der Durchmesser Ø 130 h6 der Grundaufnahme soll durch Außenrundschleifen mit einer Schleifscheibe (300 × 20 × 127) und einer Schnittgeschwindigkeit v_c = 35 m/s hergestellt werden.
   a) Wählen Sie nach DIN ISO 525 ein geeignetes Schleifwerkzeug aus und ergänzen Sie die nachfolgende Angabe auf Ihr Lösungsblatt.
   Schleifscheibe ISO 603-1 1N – 300 × 20 × 127..............
   b) Bestimmen Sie die Vorschubgeschwindigkeit v_f des Werkstückes für ein Geschwindigkeitsverhältnis q = 125.

Beurteilen

Bewerten und Auswerten eines Einzelfertigungsauftrages „Grundaufnahme"

1. Berechnen Sie für die fünf Durchgangsbohrungen mit Ø 11 mm (Bohrtiefe 25 mm) die gesamte Hauptnutzungszeit t_h (An- und Überlauf des Bohrers beträgt jeweils 1 mm) wenn:
   a) mit einem TiN-beschichteten Spiralbohrer aus HSS
   b) mit einem Spiralbohrer aus Hartmetall gebohrt wird (Vorschub für beide Bohrer f = 0,13 mm)
   c) Wie viele Bohrungen sind jeweils innerhalb der Standzeit möglich, wenn die Standzeit beider Bohrer T = 15 min beträgt?
   d) Bewerten Sie das Ergebnis.

2. Nach dem Schleifen des Außendurchmessers Ø 130 mm wurde ein Istmaß von Ø 129,95 mm festgestellt.
   a) Von der Qualitätssicherung wurde festgestellt, dass das Werkstück während der Fertigung im Maschinenraum geprüft wurde. Berechnen Sie die Werkstücktemperatur bezogen auf Mitte der Toleranz (Ø 130 h6) bei der geprüft wurde.
   b) Geben Sie zwei weitere Ursachen für die festgestellte Abweichung an.
   c) Nennen Sie drei Kriterien, die bei der Prüfung von Werkstücken im Maschinenraum zu beachten sind.

3. Zum Längsdrehen des Durchmessers 130 mm (Abspanzyklus) der Grundaufnahme steht Ihnen eine Drehmaschine mit einer Anschlussleistung von 12,5 kW zur Verfügung. Die gemessene Maschinenleistung beträgt P_a = 5,8 kW. Sie arbeiten mit einer Schnittgeschwindigkeit v_c = 200 m/min, einem Vorschub f = 0,2 mm und einer Schnitttiefe a_p = 2,5 mm.
   a) Die gemessene Maschinenleistung ist höher als die theoretisch berechnete mit P_a = 5,2 kW. Welche Ursachen sind dafür verantwortlich?
   b) Welche Schnittwerte beeinflussen die Schnittkraft?
   c) Welcher Schnittwert hat den größten Einfluss auf die Schnittleistung?

4. Die Grundaufnahme soll in größerer Stückzahl wirtschaftlich hergestellt werden. Nennen Sie zwei alternative Herstellungsverfahren und ordnen Sie diese den Fertigungshauptgruppen zu.

5. Die Grundaufnahme wird mit einer Vorrichtung gespannt. Stellen Sie die Vor- und Nachteile der Spannvarianten mechanisch, pneumatisch und hydraulisch einander gegenüber.

6. Die Steuerung der Spannvorrichtung wird elektropneumatisch ausgeführt. Jeweils nach 5 Minuten Bearbeitungszeit erfolgt ein Werkstückwechsel. Die Steuerung kann alternativ nach Beispiel A oder Beispiel B ausgeführt werden.
   a) Nennen Sie drei Vorteile einer elektropneumatischen gegenüber einer pneumatischen Ansteuerung des Ventils 1V1.
   b) Wie verhalten sich die Steuerungen, wenn während des Spannens die elektrische Energie ausfällt?

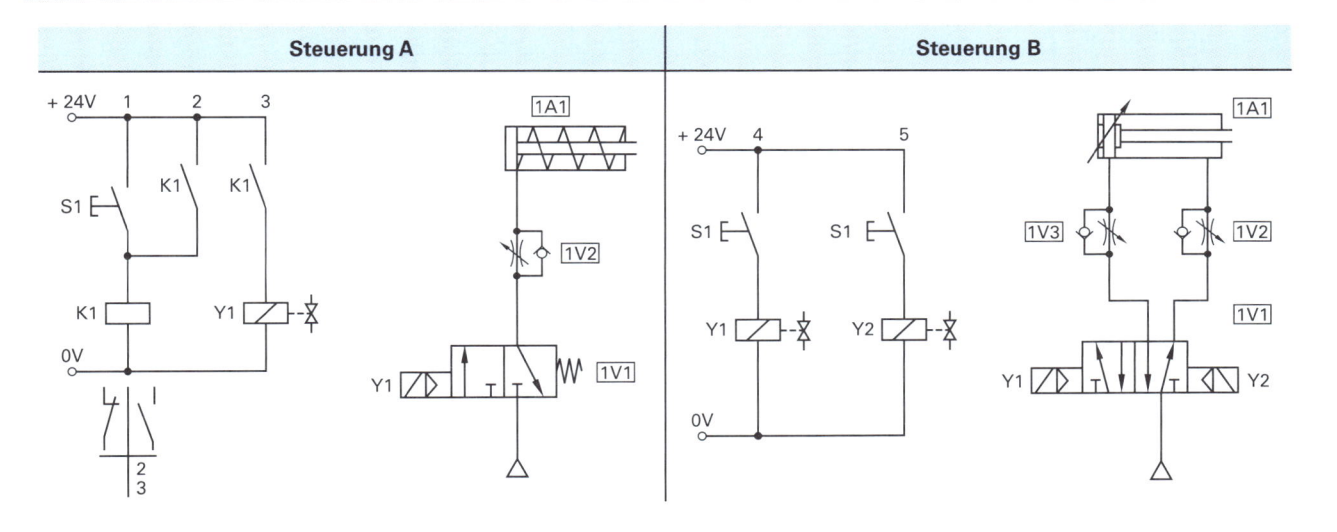

Steuerung A	Steuerung B

LS 12.2 Lasten anschlagen

Betrieblicher Arbeitsauftrag *Production work order*

Maschinen umrüsten *Resetting machines*

Lernsituation 12.2 Lasten anschlagen
Slinging heavy loads

Anschlagmittel (sling gear) und Hebezeuge (hoisting device) in der Fertigung sind Hilfsmittel zum Transportieren und Bewegen von schweren Werkstücken und Montagebauteilen wie z. B. Vorrichtungen.

Analysieren

Zum Bearbeiten der Grundaufnahme muss das Bearbeitungszentrum umgerüstet werden. Die Spannvorrichtung ist auf einer Spannpalette montiert. Die Gesamtmasse beträgt $m = 580$ kg. Es steht ein Wandschwenkkran zur Verfügung. Das Hebezeug hat eine zulässige Tragkraft von 7500 N.

Planen

An der einsträngigen Anschlagkette mit Lasthaken befindet sich eine rote, achteckige Kennzeichnungsmarke. Die Kettenglieder haben einen Durchmesser von 8 mm.

1. Prüfen Sie nach, ob die Kette und das Hebezeug für diese Last geeignet sind.
2. Welche Angaben befinden sich auf der Kennzeichnungsmarke?

Tragfähigkeit von hochfesten Anschlagketten DIN EN 818-4

- Güteklasse 8

Tragfähigkeit in kg
von ein- und mehrsträngigen Anschlagketten bei verschiedenen Neigungswinkeln bei **symmetrischer Belastung** der Stränge

DIN EN 818-4 Güteklasse 8	1 Strang	2 Stränge		3 und 4 Stränge	
Neigungswinkel β	0	0°...45°	45°...60°	0°...45°	45°...60°
Belastungsfaktor	1	1,4	1,0	2,1	1,5
Ketten-Nenndicke					
4	500	710	500	1050	710
6	1120	1600	1120	2360	1700
8	2000	2800	2000	4250	3000
10	3200	4500	3200	6700	4750
13	5300	7500	5300	11200	8000
16	8000	11200	8000	17000	11800
18	10000	14000	10000	21000	15000
22	15000	21000	15000	32000	22400
26	20000	28000	20000	40000	30000
32	32000	45000	32000	63000	47500
36	40000	50000	40000	80000	60000

LS 12.2 Lasten anschlagen

3. Berechnen Sie die Zugspannung im tragenden Querschnitt eines Kettengliedes, wenn die Rundstahlkette einen Durchmesser von 8 mm hat.

4. Wie groß ist die Sicherheit gegenüber der maximalen Tragfähigkeit der einsträngigen Kette mit der Güteklasse 2 beim Anheben der Spannvorrichtung?

Anschlagketten

- **Kettennormen und Güteklassen**

Güteklasse	2	5	8	Sondergüte
Norm	DIN 32891	DIN 5687 Teil 1	DIN 5687 Teil 3 DIN EN 818	
Bruchspannung	250 N/mm²	500 N/mm²	800 N/mm²	> 940 N/mm²
Werkstoff DIN EN 10027	Unlegierter Baustahl	Edelstahl	Edelstahl	Ni 0,7 % Cr 0,4 % Mo 0,15 %
Verhältnis von Tragfähigkeit zu Prüfkraft zu Bruchkraft	1 : 2 : 4	1 : 2,5 : 4		
Kennzeichnung Form und Farbe	○ farblos	⬠ grün	✦ rot	pink

Kennzeichnung von 1-Strang Ketten nach EN 818

Kennzeichnung von mehrsträngigen Ketten

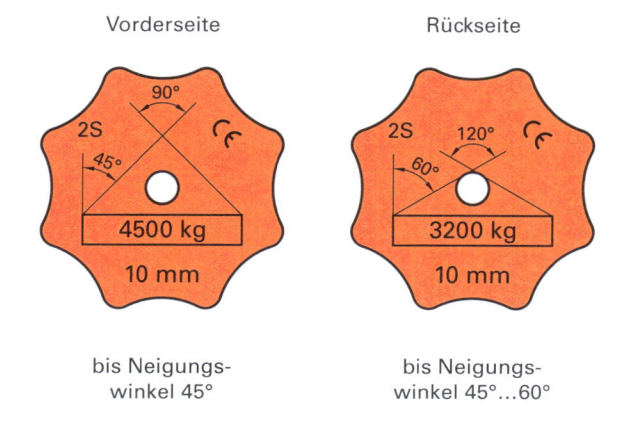

Vorderseite — bis Neigungswinkel 45° (2S, 45°–90°, 4500 kg, 10 mm)

Rückseite — bis Neigungswinkel 45°...60° (2S, 60°–120°, 3200 kg, 10 mm)

1S, 90°, 3200 kg, 10 mm

1. Tragfähigkeit
2. Ketten-Nenndicke
3. Strang
4. Neigungswinkel ß

LS 12.2 Lasten anschlagen

Planen

Die zu bearbeitenden Werkstücke werden in einem Stahlkorb mit einer Gesamtmasse $m = 460$ kg angeliefert. Der Abstand der vier Aufnahmeringe am quadratischen Korb beträgt 680 mm. Der Korb soll mit einem viersträngigen Stahldrahtseil mit einer Seillänge pro Strang $l = 800$ mm und einem Durchmesser $d = 8$ mm angehoben werden.

5. Welche Angaben befinden sich auf der Kennzeichnungsmarke?
Prüfen Sie nach, ob das Stahlseil für diese Aufgabe geeignet ist.

6. Berechnen Sie die Kraft in den einzelnen Seilsträngen beim Heben des Korbes.

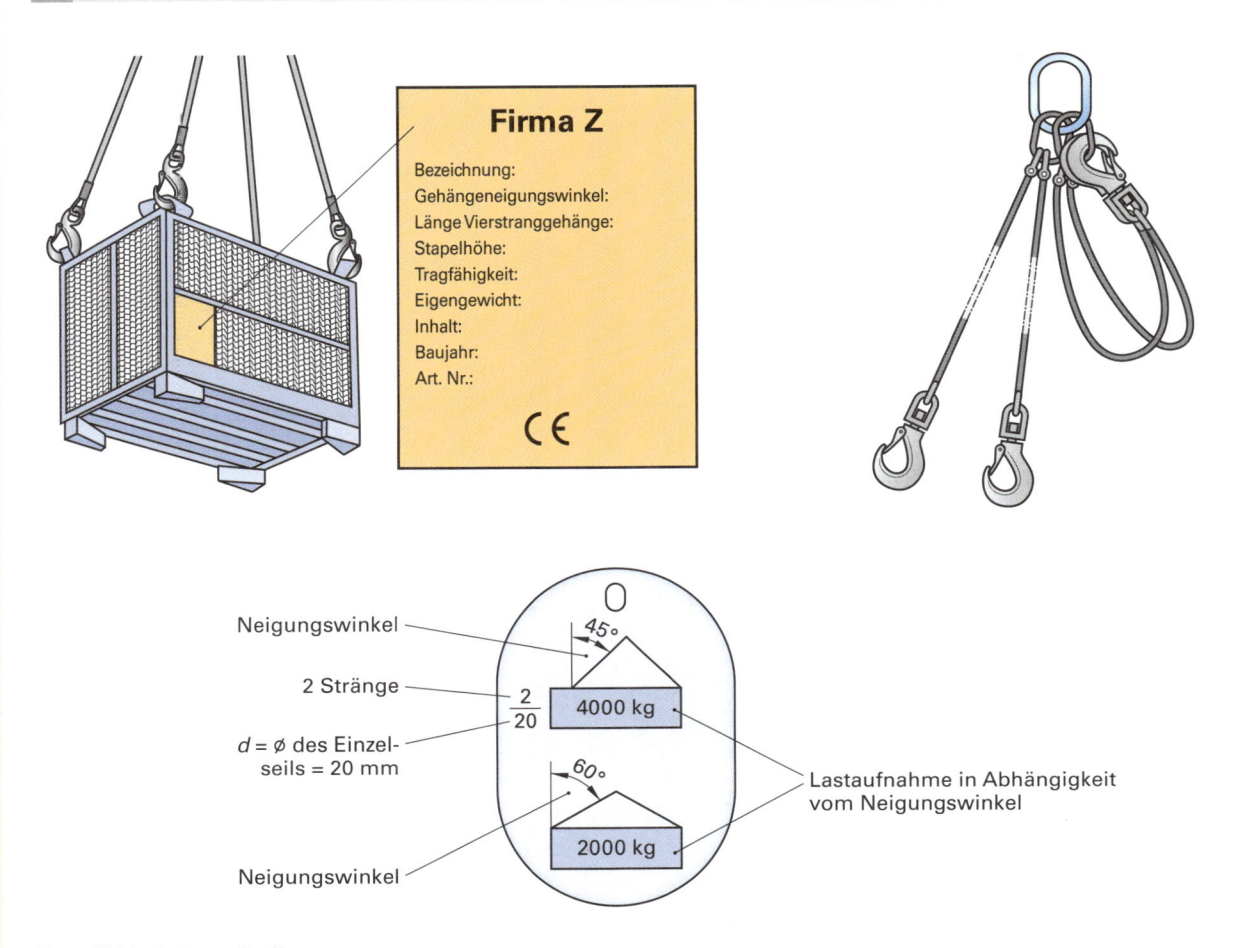

Firma Z

Bezeichnung:
Gehängeneigungswinkel:
Länge Vierstranggehänge:
Stapelhöhe:
Tragfähigkeit:
Eigengewicht:
Inhalt:
Baujahr:
Art. Nr.:

CE

Neigungswinkel — 45°
2 Stränge — 2/20 — 4000 kg
d = ⌀ des Einzelseils = 20 mm
60° — 2000 kg
Neigungswinkel

Lastaufnahme in Abhängigkeit vom Neigungswinkel

Tragfähigkeitstabelle

Anschlagseil Stahl S1				
Seil mm	Tragfähigkeit kg	Seilklasse	Mindestbruchkraft in kN	Gewicht kg/m
8	700	6 x 19	34,8	0,22
10	1000	6 x 19	54,4	0,35
12	1500	6 x 37	75,1	0,50
14	2000	6 x 37	102,0	0,68
16	2700	6 x 37	134,0	0,89
18	3150	6 x 37	169,0	1,12
20	4000	6 x 37	209,0	1,38
22	5000	6 x 37	253,0	1,67
24	6300	6 x 37	301,0	1,99
26	7000	6 x 37	353,0	2,34
28	8000	6 x 37	409,0	2,71
32	11000	6 x 37	534,0	3,54

LS 12.2 Lasten anschlagen

Durchführen

7. Das Drahtseil zum Anheben des Korbes mit einer Gesamtmasse von 500 kg hat einen Durchmesser von 8 mm. Es besteht aus 6 Litzen mit je 19 Drähten von 0,4 mm Durchmesser. Berechnen Sie die Zugspannung beim Anheben des Korbes und die Sicherheit der Tragfähigkeit (siehe dazu die Tragfähigkeitstabelle auf Seite 138).

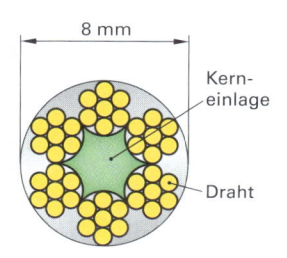

Tragfähigkeit für Anschlagmittel aus Stahldrahtseil:

Reduzierung der Tragfähigkeit von Anschlagmitteln bei unterschiedlichen Neigungswinkeln.

Bei 4-strängigen Seilgehängen werden nur 3 Stränge als tragend angenommen. Dies gilt nur bei Symmetrie der Anschlagpunkte und mittigem Lastschwerpunkt. Bei außermittigem Lastschwerpunkt darf bei mehrsträngigen Anschlagseilen nur 1 Strang als tragend angenommen werden.

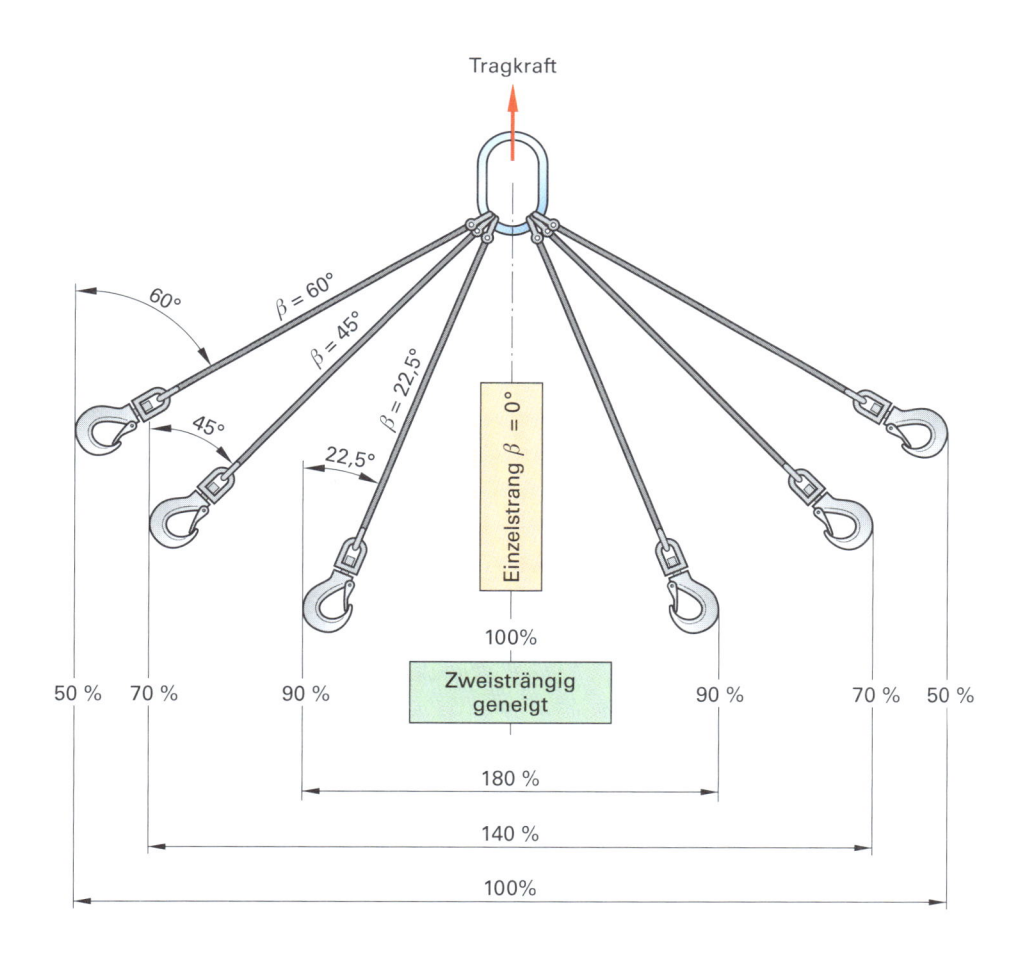

Beurteilen

8. Von welchen Faktoren ist die Belastbarkeit eines Anschlagmittels abhängig?
9. Welchen Einfluss hat der Neigungswinkel auf die Belastbarkeit des Anschlagmittels?
10. Warum darf ein Neigungswinkel von mehr als 60° nicht überschritten werden?
11. Welche Arbeits- und Sicherheitsregeln sind beim Anschlagen von Lasten unbedingt zu beachten?
12. Was ist beim Umgang mit Stahlseilen besonders zu beachten und welche regelmäßigen Kontrollen sind bei Stahlseilen vorgeschrieben?
13. Was ist beim Anbringen der Lasthaken an den Lastaufnahmeringen des Korbes zu beachten?

Anforderungen an Tragseile

- Stahldrahtseile müssen einen Mindestdurchmesser von 8 mm haben
- Kennzeichnung ovales Etikett
- Stahldrahtseile sind auszusondern:
  - wenn mehrere Drähte in einem kurzen Seilbereich gebrochen sind,
  - bei Quetschungen oder Knickung des Seiles,
  - bei starker Korrosion,
  - wenn spannungsführende Teile berührt worden sind.

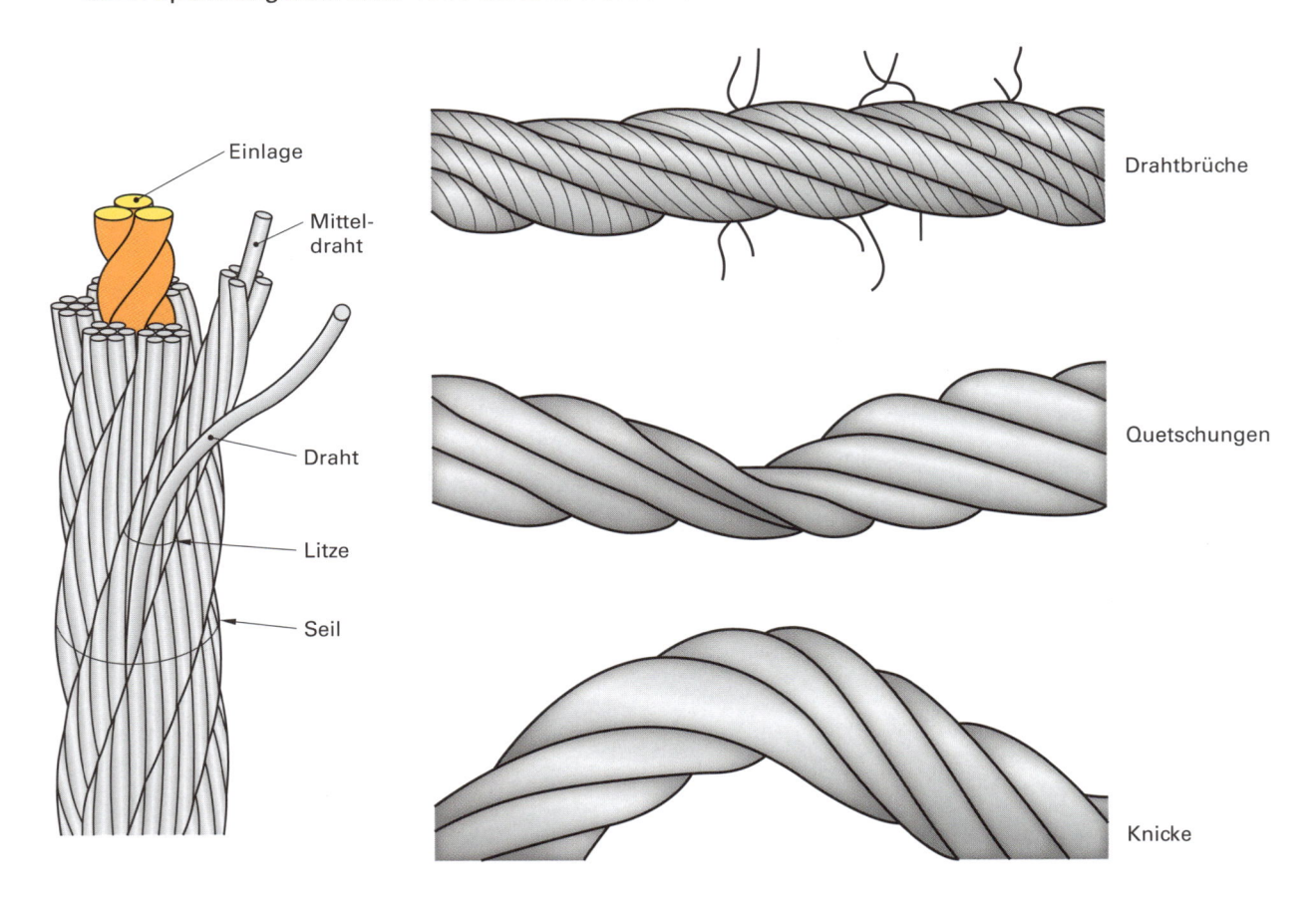

LS 13.1 Auftragsorganisation

LF 13 Organisieren und Überwachen von Fertigungsprozessen in der Serienfertigung *Organization and monitoring of manufacturing processes in serial production*

Betrieblicher Arbeitsauftrag *Production work order*

Herstellen von Gleitschuhaufnahmen für Induktionshärtemaschinen aus rostfreiem Stahl
Manufacturing stainless-steel sliding-block seats for induction-hardening machines

Lernsituation 13.1
Auftragsorganisation *Job scheduling*

Analysieren

In einem betrieblichen Auftrag sollen Gleitschuhaufnahmen aus rostfreiem Stahl für Induktionshärtemaschinen in einer Kleinserie hergestellt werden.

Die Arbeitsaufgabe wird als innerbetrieblicher Auftrag mit einem hohen Maß an Selbstständigkeit im Ausbildungszentrum durchgeführt und beinhaltet als ganzheitliche Handlung folgende Tätigkeiten:

- Auftragsannahme und Information
- Auftragsplanung
- Bedarfsanforderungen
- Programmerstellung
- Werkzeug- und Spannmittelauswahl
- Einrichten des Arbeitsplatzes, Maschine rüsten
- Testlauf und Optimieren
- Arbeitsauftrag durchführen
- Serienfertigung
- Sichern der Produktqualität, Qualitätsanalyse
- Auftragsübergabe

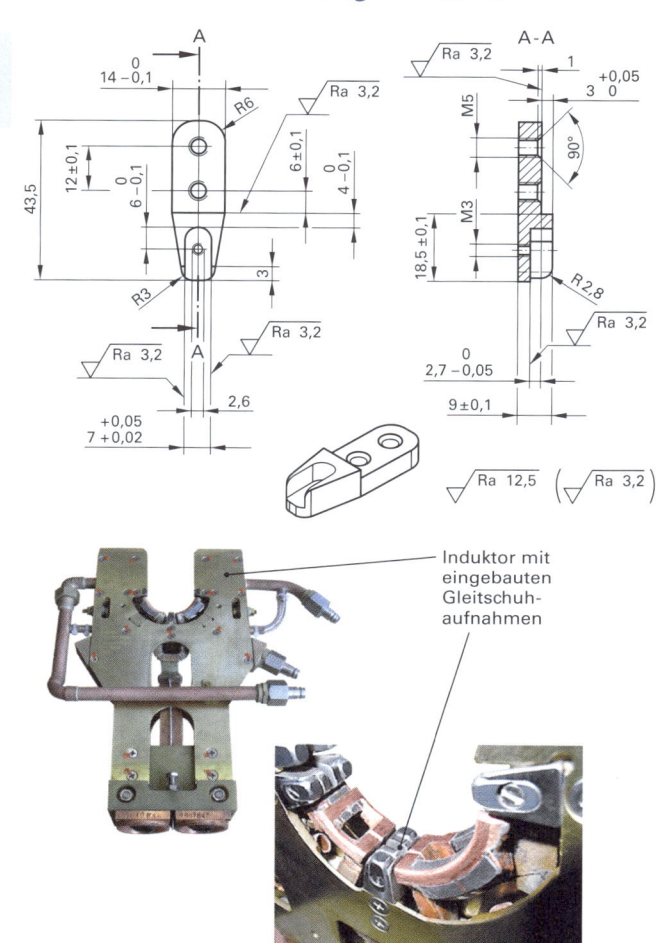

Induktor mit eingebauten Gleitschuhaufnahmen

Entsprechend der Bedarfsanforderung des Härtemaschinenbaus an die Ausbildungsabteilung stellt der verantwortliche Ausbildungsmeister die betrieblichen Auftragspapiere zusammen und übergibt den innerbetrieblichen Auftrag an ein Team von 3 Auszubildenden aus dem 4. Ausbildungsjahr.

In der Teambesprechung stellt der Meister die Besonderheiten und die betrieblichen Vorgaben des Auftrages dar.

Die Auszubildenden analysieren die bereitgestellten Auftragsunterlagen, beurteilen den Fertigungsauftrag auf technische Umsetzbarkeit und informieren sich in der Abteilung Härtemaschinenbau über die Funktion und Einbausituation der herzustellenden Gleitschuhaufnahmen.

Planen

Die Auszubildenden führen den Auftrag eigenverantwortlich einschließlich Qualitätskontrolle und Dokumentation bis zur Auftragsübergabe durch.

1. Legen Sie die erforderlichen Planungsschritte für die komplette Auftragsbearbeitung in einer zeitlichen Reihenfolge fest.

Durchführen

Die Auszubildenden bereiten die Werkzeugmaschine und den Arbeitsplatz für die Auftragsbearbeitung vor.

2. Welche Arbeitsschritte, Daten und Informationen sind zum Einrichten und Rüsten der Maschine und des Arbeitsplatzes notwendig?

Die Auszubildenden fertigen die Bauteile, sie überwachen und korrigieren wenn nötig den Fertigungsprozess.

Bei der Bearbeitung der Gleitschuhaufnahmen ist auf eine hohe Prozesssicherheit der Fertigungsschritte zu achten.

3. Durch welche Maßnahmen wird bei der Durchführung des Fertigungsauftrages die Prozesssicherheit in der Serienfertigung sichergestellt?

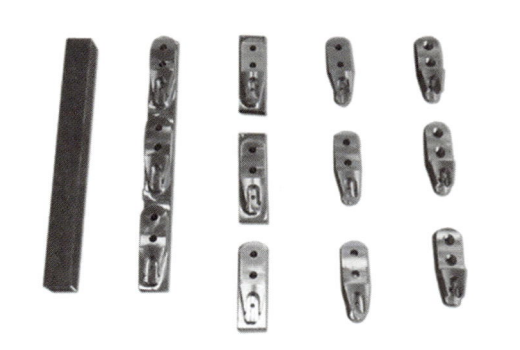

Beurteilen

Die Auszubildenden überprüfen die geforderten qualitativen Merkmale entsprechend dem betrieblichen Qualitätssicherungssystem zur Fertigung von Serienteilen. Sie protokollieren die Prüfergebnisse, werten die Prüfmerkmale in einer Qualitätsregelkarte aus und beachten die festgelegten Eingriffsgrenzen.

4. Bereiten Sie eine Qualitätsregelkarte für die Überprüfung der Nutbreite 7 +0,05/+0,02 mm vor. Wegen der angestrebten Prozesssicherheit darf der Toleranzbereich nur zu 80 % ausgenützt werden. Legen Sie die obere und die untere Eingriffsgrenze fest und tragen Sie diese in die Qualitätsregelkarte ein.

LS 13.2 Anforderungen an ein betriebliches Qualitätsmanagementsystem

Betrieblicher Arbeitsauftrag *Production work order*

Vorbereiten des Fertigungsauftrages Gleitschuhaufnahme für die Serienfertigung
Preparing a sliding-block seat production order for serial production

Lernsituation 13.2 Anforderungen an ein betriebliches Qualitätsmanagementsystem nach DIN EN ISO 9000/9001 beschreiben
Defining the requirements on a company quality management system according to DIN EN ISO 9001 standard

DIN EN ISO 9001:2000
Qualitätsmanagementsystem
Anforderungen

DIN EN ISO 9000:2000
Qualitätsmanagementsystem
Grundlagen und Begriffe

DIN EN ISO 9004:2000
Leitfaden zur
Leistungsverbesserung

TQM

Analysieren

In einem QM-Handbuch wird das gesamte Qualitätsmanagementsystem beschrieben. In ihm wird festgelegt, wer, wann, wie und womit qualitätsfördernde Maßnahmen durchführt. Das Handbuch bietet somit eine Bezugsgrundlage für alle Mitarbeiter im Betrieb. So wird auch bei der Fertigung der Gleitschuhaufnahme ein Qualitätsstandard festgelegt, der in einem QM-Handbuch wiedergegeben wird.

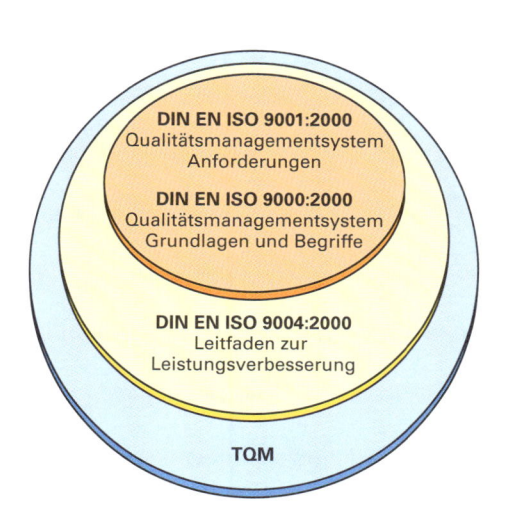

Planen

1. Welche Themenbereiche werden in einem QM-Handbuch beschrieben?

Durchführen

Welche Qualitätsgrundsätze und Qualitätsziele werden in einem betriebliches Qualitätsmanagementhandbuch beschrieben? Erarbeiten Sie die folgenden Fragestellungen mithilfe der Textstellen aus dem QM-Handbuch.

---

1. Qualitätspolitik des Unternehmens

Im Bereich der Metallbearbeitung stehen modernste Fertigungsanlagen und hochqualifizierte Facharbeiter/innen zur Lösung der technischen Aufgaben bereit. Bei der Auftragsabwicklung werden anerkannte Methoden des Arbeits- und Umweltschutzes berücksichtigt. Der heutige Erfolg unseres Unternehmens auf dem Markt hängt darüber hinaus entscheidend von der Qualität unserer Leistung, sowie der schnellen Auftragsabwicklung ab. Dabei ist unser oberstes Gebot, dass Schnelligkeit niemals zu Lasten der Qualität geht. Die Verantwortungsbereiche, die Dokumentation und die Kommunikation werden im Betrieb entsprechend einem Qualitätsmangementsystem geregelt. Als wesentlichen Bestandteil unserer Serviceleistung sehen wir unsere flexible Verfügbarkeit sowie den für unsere Kunden kostenfreien An- und Abtransport ihrer Produkte.

---

2. Welche Qualitätsgrundsätze hat dieser Industriebetrieb?
   Nach welchen grundsätzlichen Qualitätszielen richtet sich die Fertigung der Gleitschuhaufnahmen?

2. Verfahrens- und Arbeitsanweisungen

Die Abläufe und Verfahren im Unternehmen sind so zu gestalten, dass die Aufgaben eindeutig beschrieben und dokumentiert werden können um die Transparenz im Unternehmen zu erhalten.
Außerdem sollen Verbesserungsmöglichkeiten berücksichtigt sowie im QM-Handbuch dokumentiert werden. Gegenüber Dritten soll das QM-Handbuch zugänglich und transparent sein.

3. Welche Inhalte sind in einer Verfahrensanweisung zur Herstellung der Gleitschuhaufnahmen enthalten? Erstellen Sie ein Formblatt für eine Verfahrensanweisung.

3. Regelung der Überwachung

Ziel ist es, die Ergebnisse der Qualitätskontrolle offen zu dokumentieren und in einer ganzheitlichen Managementbewertung auszuwerten. Die Informationen sollen zur Leistungsverbesserung führen. Deshalb werden die Überwachungs-, Prüf-, Analyse- und Verbesserungsprozesse dokumentiert und verbindlich festgelegt.

4. Erstellen Sie ein Formblatt für eine Prüfanweisung für das Fertigungsprodukt Gleitschuhaufnahme.

Beurteilen

5. Welche Möglichkeiten gibt es, um die Prozesssicherheit und die Produktqualität der Gleitschuhaufnahmen über einen längeren Zeitraum zu überwachen?

6. Warum werden interne Audits durchgeführt?

LS 13.3 Betriebliches Audit

Betrieblicher Arbeitsauftrag *Production work order*

Vorbereiten eines internen Audits *Preparing an internal audit*

Lernsituation 13.3 Betriebliches Audit
Company audits

Analysieren

Im Audit prüft eine Organisation die Verfahrens- und die Durchführungsanweisungen im Hinblick auf Nachweis und Übereinstimmung mit dem QM-Handbuch.
Das Audit bezeugt die Leistungsfähigkeit des Systems, ob die Ziele verfolgt werden bzw. welche Änderungen angeordnet werden sollten.

Hinweis:
Erarbeiten Sie die Themen mithilfe der DIN EN ISO 9000 /9001 sowie der ISO 19011.

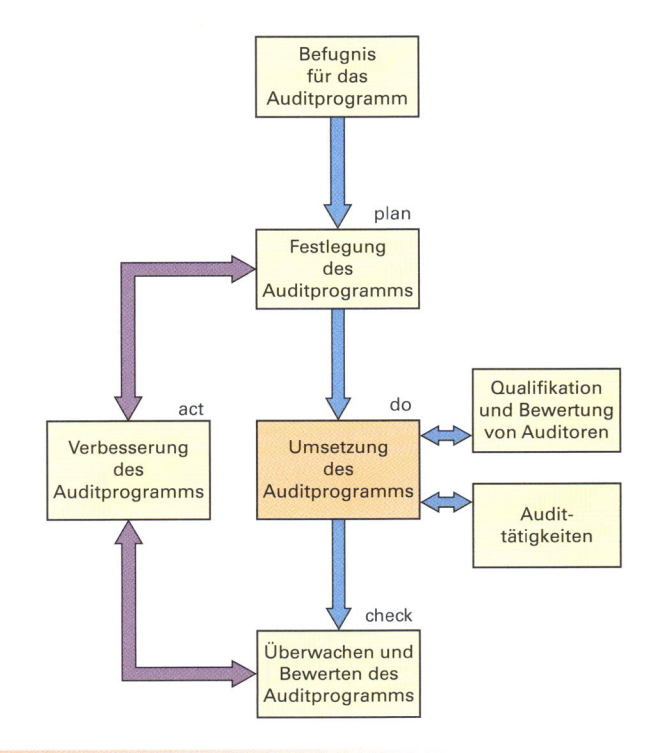

Planen

1. Welche Arten von Audits können unterschieden werden?
2. Welche formellen Inhalte enthält ein Audit?
3. Bereiten Sie ein Auditformular für die Herstellung der Gleitschuhaufnahmen vor.

Durchführen

4. Stellen Sie in einer Übersicht die Durchführung eines internen (betrieblichen) Audits dar. (Verwenden Sie die Begriffe: Planung, Analyse, Programm, Audit-Durchführung und Maßnahmen).
5. Welche Auditvorbereitung führen Sie durch?
6. Was will der Auditor wissen und herausfinden?
7. Nach welchen Beurteilungskriterien erfolgt die Auditbewertung und wie können die Auditmaßnahmen durchgeführt werden?

Beurteilen

8. Welche Auswirkungen hat ein internes Audit für den einzelnen Mitarbeiter und für Ihren Betrieb?
9. Der Auditor benötigt persönliche Eigenschaften um das Audit vornehmen zu können. Welche persönlichen Eigenschaften würden Sie dem Auditor zuordnen?

LS 13.4 Prozessfähigkeit untersuchen

Betrieblicher Arbeitsauftrag *Production work order*

Ermitteln der Prozessfähigkeit bei der Herstellung von Gleitschuhaufnahmen
Process capability test for the production of sliding-block seats

Lernsituation 13.4 Prozessfähigkeit untersuchen *Process capability analysis*

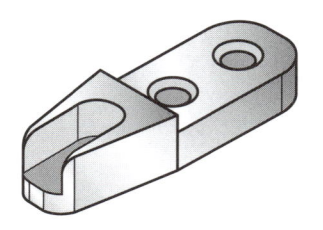

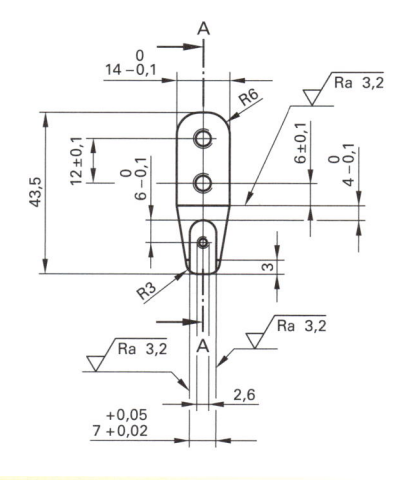

Analysieren

Die Gleitschuhaufnahmen werden in der Serienfertigung hergestellt. Mit dem Prüfmaß Nutbreite 7 +0,05/+0,02 soll die Prozessfähigkeit festgestellt und mit den Prozessfähigkeitsindexen Cp ≥ 1,67 und Cpk ≥ 1,67 bewertet werden.

Planen

1. Mit welchem Prüfmittel bzw. Prüfvorgang kann das Istmaß der Nutbreite 7 +0,05/+0,02 sicher innerhalb der Toleranzgrenzen bestimmt werden?
2. Warum muss die Messunsicherheit des Prüfmittels bei der Prozessfähigkeitsuntersuchung im Vergleich zur geforderten Maßtoleranz sehr klein sein?
3. Welche Bedeutung hat die Prüfmittelfähigkeit für diesen Messvorgang?
4. Stellen Sie in einer Mindmap die Einflüsse auf die Prozessfähigkeit übersichtlich dar.
5. Welcher Unterschied besteht zwischen der Maschinenfähigkeitsuntersuchung und der Prozessfähigkeitsuntersuchung?

Durchführen

Sie haben zur Auswertung die Messergebnisse von 50 Stichprobenprüfungen (Urwertliste) aus einer Serie von 500 Werkstücken zur Verfügung.

Prüfmerkmal:	Nutbreite Gleitschuhaufnahme 7 +0,05/+0,02			
Nr.: 1...10	11...20	21...30	31...40	41...50
7,038	7,043	7,039	7,04	7,038
7,04	7,041	7,039	7,04	7,043
7,038	7,03	7,042	7,038	7,04
7,038	7,039	7,042	7,039	7,039
7,043	7,032	7,04	7,043	7,039
7,043	7,037	7,039	7,038	7,04
7,04	7,042	7,038	7,038	7,039
7,039	7,04	7,038	7,04	7,042
7,043	7,043	7,042	7,043	7,039
7,04	7,032	7,043	7,04	7,038

LS 13.4 Prozessfähigkeit untersuchen

6. Erstellen Sie eine Strichliste der Istmaße und ermitteln Sie die absolute und die relative Häufigkeit der Messwerte in %.

Strichliste der Messwerte

Klasse Nr.	Messwert ≥	Messwert <	Strichliste	n_i absolut	h_i relativ in %
1	7,020	7,024			
2	7,024	7,029			
3	7,029	7,033			
4	7,033	7,037			
5	7,037	7,041			
6	7,041	7,046			
7	7,046	7,050			
			Σ	50	100

7. Erstellen Sie mithilfe von Excel ein Histogramm der Messwerte.

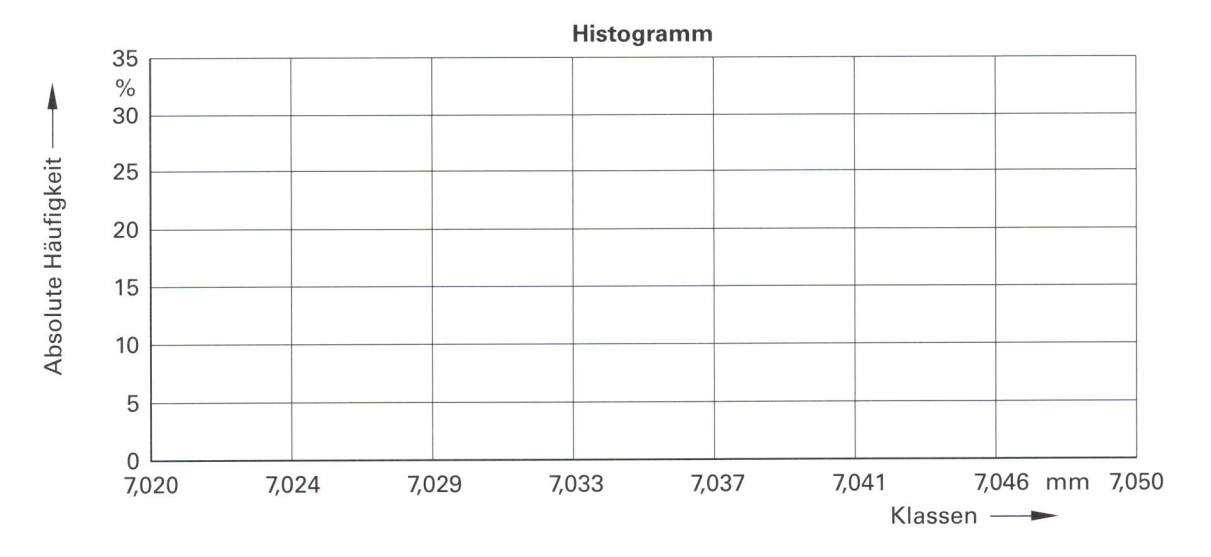

Histogramm

(Leeres Diagramm: Absolute Häufigkeit in % (0–35) gegen Klassen 7,020 – 7,050 mm)

8. Berechnen Sie den arithmetischen Mittelwert der 50 Messwerte.

Arithmetischer Mittelwert:

9. Berechnen Sie die Standartabweichung s mit der Funktion in Excel.

Standardabweichung:

10. Bestimmen Sie den Prozessfähigkeitsindex C_p und den Prozessfähigkeitsindex C_{pk}.

C_p: C_{pk}:

Beurteilen

Unten stehend finden Sie das Protokoll der Qualitätssicherung für den Produktionsprozess Gleitschuhaufnahme:

11. Bewerten Sie die ermittelte Prozessfähigkeit.
12. Nennen Sie Ursachen für den zu geringen C_{pk}-Wert.
13. Welche Aussage lässt sich aus dem C_{pk}-Wert ableiten?
14. Wie ist die Lage des Mittelwertes innerhalb des Toleranzfeldes?
15. Welche Maßnahmen schlagen Sie vor, um den C_{pk}-Wert in den geforderten Bereich zu bringen?

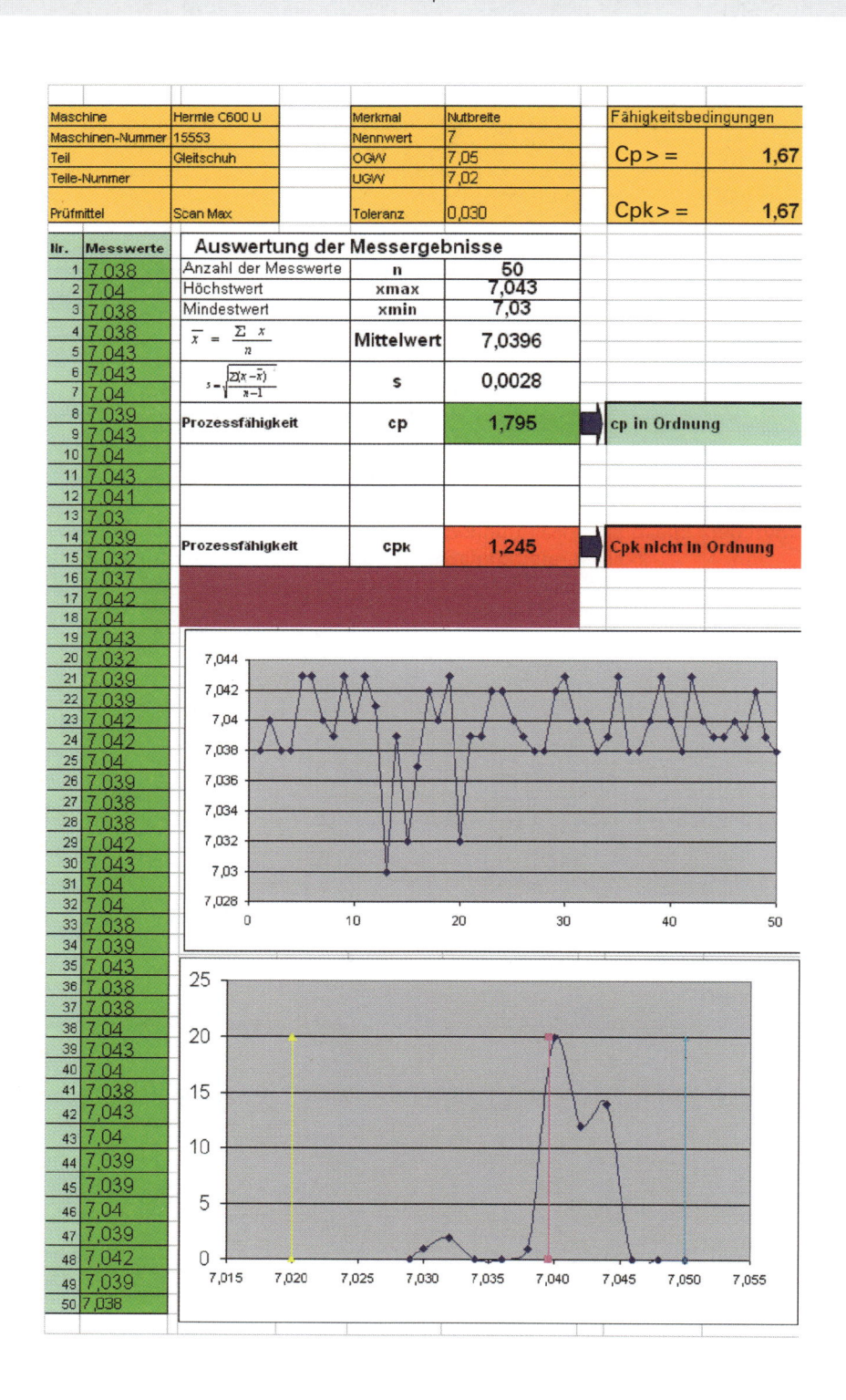

Maschine	Hermle C600 U		Merkmal	Nutbreite		Fähigkeitsbedingungen	
Maschinen-Nummer	15553		Nennwert	7			
Teil	Gleitschuh		OGW	7,05		$C_p \geq$	1,67
Teile-Nummer			UGW	7,02			
Prüfmittel	Scan Max		Toleranz	0,030		$C_{pk} \geq$	1,67

Nr.	Messwerte
1	7,038
2	7,04
3	7,038
4	7,038
5	7,043
6	7,043
7	7,04
8	7,039
9	7,043
10	7,04
11	7,043
12	7,041
13	7,03
14	7,039
15	7,032
16	7,037
17	7,042
18	7,04
19	7,043
20	7,032
21	7,039
22	7,039
23	7,042
24	7,042
25	7,04
26	7,039
27	7,038
28	7,038
29	7,042
30	7,043
31	7,04
32	7,04
33	7,038
34	7,039
35	7,043
36	7,038
37	7,038
38	7,04
39	7,043
40	7,04
41	7,038
42	7,043
43	7,04
44	7,039
45	7,039
46	7,04
47	7,039
48	7,042
49	7,039
50	7,038

Auswertung der Messergebnisse

Anzahl der Messwerte	n	50
Höchstwert	xmax	7,043
Mindestwert	xmin	7,03
$\bar{x} = \dfrac{\sum x}{n}$	Mittelwert	7,0396
$s = \sqrt{\dfrac{\sum(x-\bar{x})^2}{n-1}}$	s	0,0028
Prozessfähigkeit	cp	1,795 — cp in Ordnung
Prozessfähigkeit	cpk	1,245 — Cpk nicht in Ordnung

LS 13.5 Prozessregelkarte erstellen und auswerten

Betrieblicher Arbeitsauftrag *Production work order*

Prozessbewertung mit Prozessregelkarte *Process evaluation by means of process control cards*

Lernsituation 13.5 Prozessregelkarte erstellen und auswerten *Creating and evaluating process-control cards*

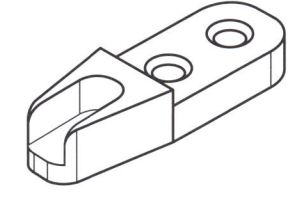

Analysieren

Die Gleitschuhaufnahmen werden in der Serienfertigung hergestellt. Mit dem Prüfmaß der Nutbreite 7 +0,05/+0,02 mm sollen eine Prozessregelkarte erstellt und der Gesamtprozess bewertet werden.

Planen

1. Legen Sie die obere und die untere Toleranzgrenze der Nutbreite 7 +0,05 /+0,02 mm fest.

Obere Toleranzgrenze, OTG:	Untere Toleranzgrenze, UTG:

2. Bestimmen Sie für eine Prüfmittelunsicherheit $U = 0{,}005$ mm die obere Toleranzgrenze und die untere Toleranzgrenze.

Obere Toleranzgrenze, OTG:	Untere Toleranzgrenze, UTG:

3. Bestimmen Sie die obere und die untere Eingriffsgrenze OEG und UEG des Prozesses, wenn die zulässige Toleranz mit Prüfmittelunsicherheit nur 60 % der Maßtoleranz sein darf.

Obere Eingriffsgrenze, OEG:	Untere Eingriffsgrenze, UEG:

4. Berechnen Sie die Mitte Toleranz und den Mittelwert der Messwerte aus der Urwertliste.

Mitte Toleranz:	Mittelwert der Messwerte $\bar{x}$:

Durchführen

5. Erstellen Sie für die 50 Messwerte aus der Urwertliste (siehe Lernsituation 13.4) für die Nutbreite 7 +0,05 / +0,02 mm eine Prozessregelkarte. Berücksichtigen Sie die Toleranzgrenzen mit und ohne Prüfmittelfähigkeit und die Eingriffsgrenzen des Prozesses.

Beurteilen

6. Analysieren und bewerten Sie den Prozess für die Herstellung der Nutbreite.

7. Vergleichen Sie die unterschiedlichen Möglichkeiten MFU, PFU, QRK und PRK zur statistischen Prozessregelung.

- MFU, Maschinenfähigkeitsuntersuchung
- PFU, Prozessfähigkeitsuntersuchung
- QRK, Qualitätsregelkarte
- PRK, Prozessregelkarte

8. Erstellen Sie eine Übersicht über die verschiedenen Qualitätsmerkmale und sortieren Sie in quantitative und qualitative Merkmale.

9. Welche Ursachen sind für die Streuung von Prüfmerkmalen verantwortlich?

10. Analysieren Sie die Prozessverläufe 1 bis 8 auf den beiliegenden PRK.

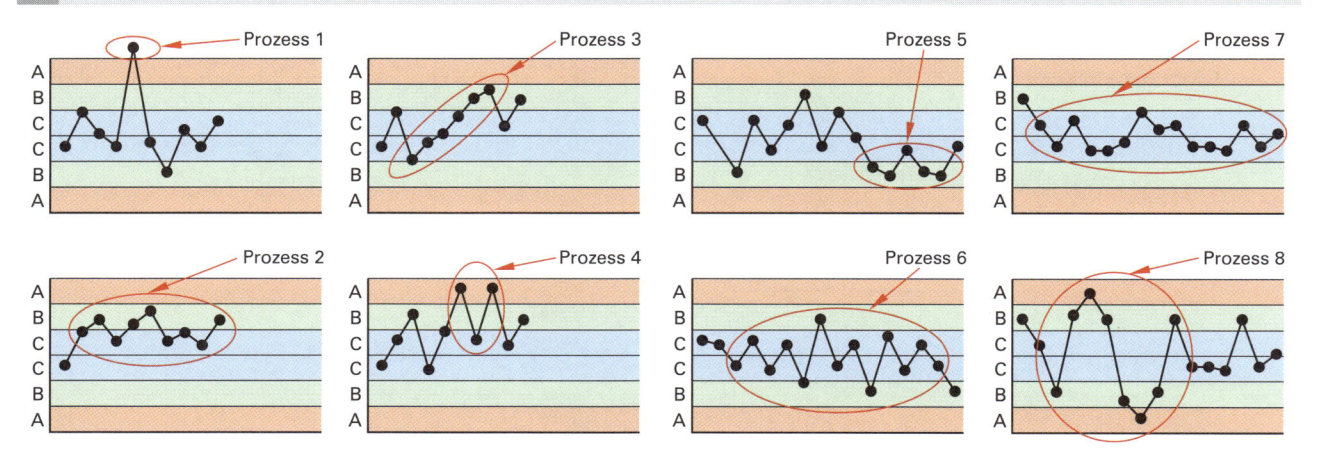

A: oberer, unterer Grenzbereich, Eingriffsgrenzen
B: obere und untere Warnbereich, Warngrenzen
C: Prozesssicherer Bereich, Mittellage Toleranzbereich

| Prozess 1: |
| Prozess 2: |
| Prozess 3: |
| Prozess 4: |
| Prozess 5: |
| Prozess 6: |
| Prozess 7: |
| Prozess 8: |

LS 13.6 Betriebsdatenerfassung

Betrieblicher Arbeitsauftrag *Production work order*

Organisieren der Betriebsdatenerfassung
Organization of production data acquisition

Lernsituation 13.6 Betriebsdatenerfassung
Production data acquisition

Analysieren

Zur Erlangung von Qualitätszertifikaten werden detaillierte Informationen zum Herstellungsprozess benötigt.

Manufacturing Execution Systems (MES) erfassen und archivieren diese Daten und stellen unter anderem Tools zur Rückverfolgung und Auswertung zur Verfügung.

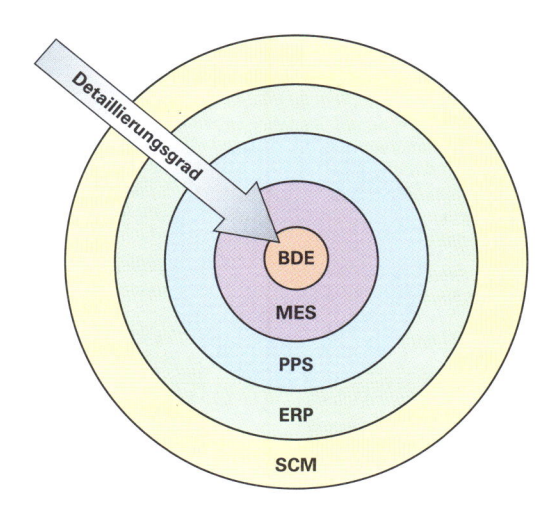

Planen

Bearbeiten Sie die folgenden Fragen mithilfe von Wikipedia, der freien Enzyklopädie im Internet.

1. Welche Arten von Betriebsdaten werden unterschieden?
2. Mit welchen Geräten können Betriebsdaten erfasst werden?
3. Durch welche Merkmale unterscheiden sich BDE-Systeme?
4. Erklären Sie die obenstehende Abbildung und die Teilsysteme SCM, PPS und MES.
5. Welche Aufgaben erfüllt ein MES-System?

SCM	Supply Chain Management Abbildung der gesamten Lieferkette vom Rohmaterial bis zum Endkunden
ERP	Enterprise Ressource Planning Abdeckung aller „Ressourcen" eines Standortes
PPS	Produktionsplanung und Steuerung
APS	Advanced Planning and Scheduling Teil der PPS-Funktionalität
MES	Manufacturing Execution System Ausführende Instanz des PPS → Tracking, tracing
BDE/ MDE	Betriebs-Daten-Erfassung → Arbeitsstunden, Abarbeitungsgrad

Durchführen

6. Die Gleitschuhaufnahmen sollen in Großserie hergestellt werden. Beschreiben Sie mithilfe des Flussdiagramms (siehe nächste Seite) wie die BDE/MDE beim Herstellungsprozess der Gleitschuhaufnahmen ohne Störung ablaufen kann.

Beurteilen

7. Welche Auswirkungen hat ein BDE/MES für den einzelnen Mitarbeiter und für die betrieblichen Abläufe?
8. Welche Vorteile hat im Rahmen der BDE das Störungsmanagement?

Flussdiagramm für einen BDE/MDE-Prozess

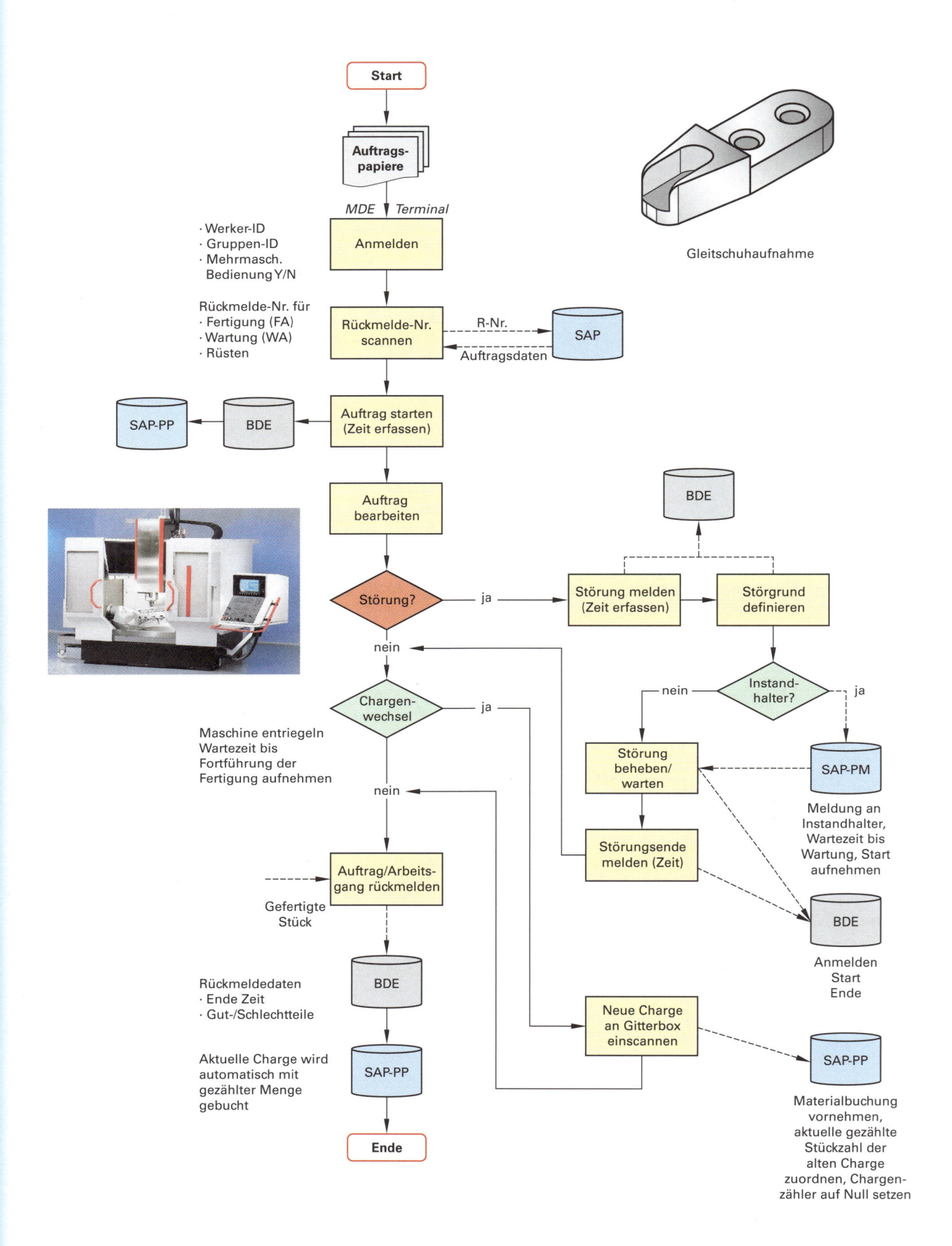

Start

Auftragspapiere

MDE Terminal

- Werker-ID
- Gruppen-ID
- Mehrmasch. Bedienung Y/N

Anmelden

Rückmelde-Nr. für
- Fertigung (FA)
- Wartung (WA)
- Rüsten

Rückmelde-Nr. scannen → R-Nr. → SAP
← Auftragsdaten

SAP-PP ← BDE ← **Auftrag starten (Zeit erfassen)**

Auftrag bearbeiten

Störung?
- ja → **Störung melden (Zeit erfassen)** → **Störgrund definieren** → BDE
- nein ↓

Störgrund definieren → **Instandhalter?**
- nein → **Störung beheben/warten**
- ja → SAP-PM → **Störung beheben/warten**

Störungsende melden (Zeit) → BDE

Meldung an Instandhalter, Wartezeit bis Wartung, Start aufnehmen

Anmelden Start Ende

Chargenwechsel?
- ja → **Neue Charge an Gitterbox einscannen** → SAP-PP
- nein ↓

Maschine entriegeln
Wartezeit bis Fortführung der Fertigung aufnehmen

Materialbuchung vornehmen, aktuelle gezählte Stückzahl der alten Charge zuordnen, Chargenzähler auf Null setzen

Auftrag/Arbeitsgang rückmelden

Gefertigte Stück

Rückmeldedaten
- Ende Zeit
- Gut-/Schlechtteile

Aktuelle Charge wird automatisch mit gezählter Menge gebucht

BDE → SAP-PP

Ende

Gleitschuhaufnahme